内蒙古自治区自然科学基金项目（2022LHMS05007）
内蒙古自治区直属高校基本科研业务费项目（2023QNJS093）
国家重点研发计划项目（2023YFF1306003）

煤基固废综合治理自燃矸石山技术与应用

董红娟 著

中国矿业大学出版社

·徐州·

内 容 提 要

内蒙古中西部地区煤矸石山自燃与煤基固废堆存并存,严重污染当地大气及生态环境,制约企业的可持续发展。本书结合乌海及其周边地区工业发展特点,深入研究矸石山自燃特性,粉煤灰-脱硫石膏-电石泥协同水化机理,以煤基固废为原料制备矸石山表面喷浆封堵材料和矸石山深部火区注浆灭火材料,封堵空气从坡面进入矸石山的内部通道,改善矸石山内部酸性环境,从本源上杜绝矸石山复燃的发生,形成系统的坡面喷浆封闭技术及工艺、深部注浆灭火技术及工艺,后续完善矸石山整形、建立排水系统以及开展生态复垦修复工作,实现对矸石山的综合治理。

本书可供采矿工程、环境工程等相关专业的科研和工程技术人员参考。

图书在版编目(CIP)数据

煤基固废综合治理自燃矸石山技术与应用 / 董红娟著. — 徐州:中国矿业大学出版社,2025.2. — ISBN 978-7-5646-6636-1

Ⅰ. X752;TD75

中国国家版本馆 CIP 数据核字第 2025RL8453 号

书　　名	煤基固废综合治理自燃矸石山技术与应用
著　　者	董红娟
责任编辑	王美柱
出版发行	中国矿业大学出版社有限责任公司
	(江苏省徐州市解放南路　邮编 221008)
营销热线	(0516)83885370　83884103
出版服务	(0516)83995789　83884920
网　　址	http://www.cumtp.com　E-mail:cumtpvip@cumtp.com
印　　刷	苏州市古得堡数码印刷有限公司
开　　本	787 mm×1092 mm　1/16　印张 7　字数 179 千字
版次印次	2025 年 2 月第 1 版　2025 年 2 月第 1 次印刷
定　　价	35.00 元

(图书出现印装质量问题,本社负责调换)

前 言

内蒙古中西部地区煤炭资源丰富，能源化工产业密集分布，经济社会发展与环境保护之间的矛盾并存。乌海及其周边地区以煤炭资源开发利用为支柱产业，乌海市和鄂托克旗的棋盘井镇是典型的煤炭工业城镇，在近百年的煤炭生产过程中形成了100多座大小不等的煤矸石山。受我国煤矿长期粗放式开采影响，矸石山在堆积过程中未采取科学有效处置措施，长期存放过程中疏于管理与治理投入，矸石山自燃成为矿区普遍存在现象，严重影响周边大气环境。现阶段多数矿山企业采用黄土覆盖的方式抑制矸石山自燃，起到暂时缓解之效。河南、山西等地以黄土为主要原料，对矸石山实施注浆灭火取得一定成效，但内蒙古西部地区生态脆弱、黄土资源贫瘠，取土困难且黄土存在黏性差、颗粒大等缺陷，不适宜作为注浆灭火材料，该治理技术在该区的可复制与推广性不强，迫切需要适宜当地生态特性且行之有效的矸石山自燃治理技术。

乌海及其周边地区煤电企业密集，每年产生大量的粉煤灰、脱硫石膏、电石泥等工业固体废弃物且无处堆存，对该地区的可持续发展造成严重影响。基于内蒙古自治区中西部自身工业特点及现有条件，以煤基固废粉煤灰、脱硫石膏协同电石泥等工业固废研制抑制矸石山自燃的灭火材料，深入研究矸石山自燃机理、自燃影响因素，采取有效措施治理自燃矸石山，探索自燃矸石山综合治理模式，形成适宜当地经济发展的"以废治害"治理模式，从而解决煤矸石山自燃与煤基固废堆存难题。这对于加速我国生态文明建设，保护当地生态环境，保障人民生命健康具有十分重要的意义。

本书共11章，第1章介绍矸石山自燃的现状及治理方法，煤基固废制备抑制矸石山自燃材料的可行性，提出了本书的研究内容；第2~3章分析了影响矸石山自燃的主要因素及矸石自燃阶段气体释放特性；第4~6章研究了煤基固废复合胶凝喷浆材料的制备、水化机理及喷浆封闭矸石山坡面技术应用；第7~9章研究了煤基固废注浆灭火浆液的制备、浆液扩散半径的计算及矸石山注浆灭火治理技术应用；第10章介绍了矸石山生态复垦方案的制定与实施；第11章介绍了现场实施安全措施。

本书是笔者所在团队的集体研究成果，试验部分得到了在校研究生王博、卢悦、王晨阳的大力支持，喷浆封闭技术及注浆灭火技术的现场应用得到了张金山教授的悉心指导，在此向所有团队成员表示感谢。

在撰写本书过程中参阅了大量的国内外相关文献，在此谨向所有文献作者表示感谢。

由于笔者水平所限，书中疏漏之处在所难免，敬请读者批评指正。

著 者

2024年12月

目 录

1 概论 ·· 1
  1.1 研究背景及意义 ·· 1
  1.2 国内外自燃矸石山治理及煤基固废利用研究现状 ···································· 3
  1.3 研究内容 ·· 9

2 矸石山自燃主要影响因素分析 ·· 10
  2.1 矸石山自燃升温的基本特征 ··· 10
  2.2 矸石山自燃过程的主要影响因素分析 ··· 11

3 矸石自燃阶段特征与气体释放特性分析 ·· 14
  3.1 试验样品分析 ··· 14
  3.2 绝热氧化试验 ··· 14
  3.3 矸石自燃标志性气体分析 ·· 17
  3.4 试验结果讨论 ··· 20

4 复合胶凝喷浆材料制备 ··· 22
  4.1 喷浆原料的理化性质 ·· 22
  4.2 喷浆材料性能测定方法 ··· 25
  4.3 复合胶凝喷浆材料配比试验 ··· 27

5 复合胶凝喷浆材料的微观特征及水化机理 ··· 40
  5.1 复合胶凝喷浆材料的 XRD 分析 ·· 40
  5.2 复合胶凝喷浆材料的 SEM 分析 ·· 41
  5.3 复合胶凝喷浆材料的水化机理分析 ·· 44

6 喷浆封闭矸石山坡面技术应用 ·· 46
  6.1 工程简介 ··· 46
  6.2 喷浆浆液配比的确定 ·· 46
  6.3 施工工艺 ··· 47
  6.4 性能检测及评价 ·· 50

7 注浆灭火浆液的制备 ··· 51
- 7.1 注浆浆液的作用及性能要求 ··· 51
- 7.2 注浆原料的理化性质 ··· 51
- 7.3 注浆浆液配比的确定 ··· 52
- 7.4 注浆浆液水灰比的确定 ··· 57
- 7.5 矸石粒径与浆固体强度分析 ··· 59

8 浆液扩散半径计算 ··· 61
- 8.1 注浆半径的理论计算 ··· 61
- 8.2 注浆半径的数值模拟研究 ··· 64
- 8.3 注浆半径的主要影响因素 ··· 67
- 8.4 火区温度对注浆半径的影响 ··· 73
- 8.5 两种计算方法的对比分析 ··· 74

9 矸石山注浆灭火治理应用 ··· 75
- 9.1 矸石山自燃情况 ··· 75
- 9.2 治理目标及技术路线 ··· 76
- 9.3 自燃矸石山范围探测及危险程度评估 ··· 77
- 9.4 注浆施工工艺 ··· 81
- 9.5 漏风通道判断及堵漏风 ··· 85
- 9.6 注浆治理后的效果 ··· 86

10 生态复垦方案制定与实施 ··· 88
- 10.1 生态复垦方案制定 ··· 88
- 10.2 矸石山整形 ··· 88
- 10.3 排水设计与施工 ··· 89
- 10.4 坡面复垦工程 ··· 89
- 10.5 浇灌系统设计与施工 ··· 91
- 10.6 生态复垦效果 ··· 91

11 项目现场实施安全措施 ··· 93
- 11.1 安全生产方针 ··· 93
- 11.2 安全施工管理体系及安全责任落实 ··· 93
- 11.3 安全施工技术及管理措施 ··· 93

参考文献 ··· 95

1 概 论

1.1 研究背景及意义

随着我国国民经济的迅速发展和对能源需求的持续增长,煤炭作为国家的支柱能源,其需求量不断增长,占据能源需求总量的55%以上。据相关资料,在产出的每吨煤炭中,煤矸石的含量高达15%～20%。近年来,随着煤炭产量的不断攀升,煤矸石的排放量也随之急剧增加,目前全国煤矸石累计堆存量已达50亿t,占地面积约1.5万公顷,且仍以每年3.0亿～3.5亿t的速度持续增长。

煤矸石中蕴含的碳和硫铁矿成分,在常温下即可发生氧化反应并释放热量。特别是当碳处于含适量水分的状态时,其吸氧量相较干燥状态会显著增加。这些氧化反应所释放的热量若无法及时扩散,便会在煤矸石内部积聚,当温度升至约300 ℃时,即达到煤矸石的着火临界点。此时,若矸石山内部的缝隙能够及时补充空气,煤矸石便会发生自燃。自燃过程中产生的温度梯度会加速空气的流动,进一步促进矸石山内部缝隙中空气的补充,形成类似"烟囱"的效应。这种自燃现象会通过热传递和热辐射的方式,引燃周围的煤矸石,从而不断扩大自燃的范围。

受我国煤矿长期粗放式开采影响,矸石山在堆积过程中未采取科学有效处置措施,长期存放过程中疏于管理与治理投入,矸石山自燃成为矿区普遍存在现象。

因矸石中含有大量硫化物和碳物质,自燃过程中会产生大量烟尘及SO_2、CO_2、CO、H_2S、NO、NO_2等毒害性气体;矸石山内部的长期燃烧导致矸石山内部固体可燃物减少,空隙增大,会造成矸石山边坡失稳,更多的空气涌入加快了矸石自燃,严重破坏周边大气环境和生态平衡,对矿区人员及周边居民生命健康造成威胁。随着我国生态文明建设的推进,"绿水青山就是金山银山"绿色矿山发展理念的提出,矸石山治理备受环保部门及矿山企业的重视。

内蒙古中西部地区煤炭资源丰富,能源化工产业密集分布,经济社会发展与环境保护之间的矛盾并存。乌海及其周边地区以煤炭资源开发利用为支柱产业,乌海市和鄂托克旗的棋盘井镇是典型的煤炭工业城镇,煤炭开采始于20世纪20—30年代,开采历史悠久,在近百年的煤炭生产过程中产生了约5.4亿t煤矸石,经过长期的煤矸石自燃等消耗,目前仍堆存约4.6亿t,形成了100多座大小不等的煤矸石山,自燃严重。项目组前期深入乌海及其周边地区多家矿山企业进行实测和调研发现,该地区重点污染源中煤矸石自燃对大气常规污染物贡献最大,如对SO_2的贡献率接近50%,因此解决矸石山自燃危害,实施行之有效的治理措施对于提升该地区大气质量、保障矿山企业绿色发展具有重要意义。

现阶段该地区多数矿山企业在矸石山表面采用黄土覆盖的方式抑制矸石山自燃,此法不能彻底熄灭矸石山内部火源,只能起到暂时缓解之效,矸石山内部自燃仍在继续甚至扩散至表面(图1-1),燃烧严重地区可见浓烟释放(图1-2),空气中弥漫着二氧化硫、硫化氢的刺激性气味,燃烧过后会有大量硫化物析出(图1-3)。国内河南、山西等地以黄土为主要原料,对矸石山实施注浆灭火取得一定成效,但内蒙古西部地区生态脆弱、黄土资源贫瘠,取土困难且黄土存在黏性差、颗粒大等缺陷,不适宜作为注浆灭火材料,该治理技术在该区的可复制与推广性不强。

图1-1 黄土覆盖自燃的矸石山

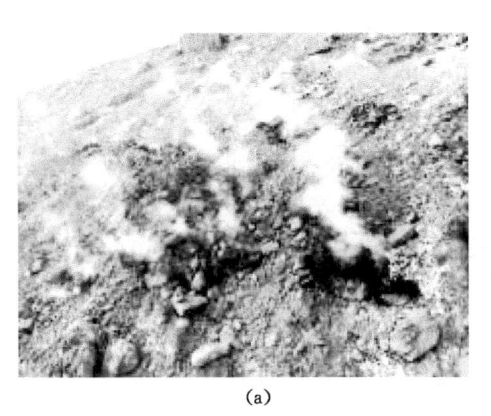

(a)　　　　　　　　　　　(b)

图1-2 自燃严重的矸石山

乌海及其周边地区现有电厂十余家,煤电企业密集,每年产生大量的粉煤灰、脱硫石膏、电石泥等工业固体废弃物且无处堆存,对该地区的可持续发展造成严重影响。基于内蒙古自治区中西部自身工业特点及现有条件,以煤基固废粉煤灰、脱硫石膏协同电石泥等工业固废研制抑制矸石山自燃的灭火材料,深入研究矸石山自燃机理、自燃影响因素,采取有效措施治理自燃矸石山,探索自燃矸石山综合治理模式,形成适宜当地经济发展的"以废治害"治理模式,从而解决煤矸石山自燃与煤基固废堆存难题。这对于加速我国生态文明建设,保护当地生态环境,保障人民生命健康具有十分重要的意义。

图 1-3 自燃过后的矸石山

1.2 国内外自燃矸石山治理及煤基固废利用研究现状

1.2.1 自燃矸石山治理研究现状

国内外学者在研究矸石山发生自燃的原因和灭火方法过程中多数都是从维持燃烧三个基本条件出发,讨论矸石山发生自燃的基本原因。目前基本一致的看法是,煤矸石中存在煤、黄铁矿和其他可燃物质,煤矸石山孔隙中氧的存在和持续供应,表层物质作用下下层可燃物缓慢氧化生成热量造成热量积累是煤矸石山自燃火源形成的主要原因。因此现阶段矸石山自燃治理主要从两个方面进行:一方面是源头防治,即改变新生矸石山的堆积形式,采用分层黄土覆盖碾压方法,减少矸石热量产生及减小矸石孔隙率,进而达到隔氧隔热的效果;另一方面是隔氧降温灭火,利用不同的技术及手段,阻隔矸石山内部火源与外界的供氧通道,逐步达到灭火目的。

国外实施了一些矸石山治理的方案,美国、俄罗斯、乌克兰、加拿大等传统产煤大国曾经多次发生矸石山自燃甚至爆炸的灾害,为了治理和预防煤矸石自燃,做了大量的研究工作,重点改进煤矸石的堆积方式,收效显著。此外,对自燃矸石山灭火技术研究也做了一些工作。例如美国,早期采用覆土封闭法治理矸石山自燃,治理效果较差,矸石山出现复燃的情况。后期采用直接挖出法、注浆法、隔离带法、控制燃烧法等,取得一定治理效果。美国等还在矸石潜在高温区和自燃区的温度监测方面做了大量工作。英国在煤矸石排放过程中采用分层堆放,每层煤矸石之间采用惰性物质隔离,并在矸石堆表面压实一层黄土。美国、加拿大等尝试了控制燃烧、灌注液氮等方法来处理自燃煤矸石堆,但尚未达到工业应用程度。

中国是世界上最大的产煤国家,矸石山自燃现象在许多矿区普遍存在。我国的矸石山防灭火研究和工程实践已经有 20 多年的历史,开发了数种行之有效的灭火工艺方法并进行了 10 多年的工程实践。中国矿业大学、辽宁工程技术大学、内蒙古科技大学、煤炭科学研究总院、煤炭科学研究总院杭州环境保护研究所、阳泉煤业(集团)有限责任公司、平顶山煤业(集团)有限责任公司、晋煤集团寺河矿等许多单位都在矸石山防灭火及综合治理方面做了不少探索。

在我国治理矸石山自燃的常用方法有挖掘回填法、黄土覆盖法、灌浆法、喷浆法、注浆法等。

挖掘回填法是把自燃的煤矸石挖出,将燃烧的煤矸石灭火后再回填。这种方法操作相对简便,并且能够从根本上消除火源,治理效果较为显著。然而,该方法的关键挑战在于确保挖掘火源过程中的施工安全。特别是对于那些着火面积较大、挖掘工作量庞大的矸石山而言,施工的成本会非常高昂。此外,在挖掘过程中会产生大量的烟尘,这不仅会污染周围的环境,还可能危害施工人员的健康。在处理高温区域时,由于施工区域内温度极高,存在施工人员被烧伤的风险。同时,由于自燃后的矸石山内部物质变得较为松散,挖掘过程中还可能存在滑坡等安全隐患。因此,考虑上述因素,挖掘回填法更适合用于治理矸石山的小范围自燃情况。

黄土覆盖法是在矸石山表面覆盖黄土,形成封闭层,黄土越厚治理效果越好。黄土覆盖法需将黄土拍平压实,封堵空气进入矸石山内部的通道,适合矸石山自燃初期、火源较浅的火区。对于火源较深的矸石山,需要对矸石山内部降温后才能进行黄土覆盖。这种方法对自燃煤矸石山的灭火具有一定效果,而对有些矸石山不平坦的区域进行大面积的覆盖时,施工耗资巨大,对于黄土资源紧缺的地区,更加难以实施。矸石山内部产生的热气会在覆盖后慢慢地向外释放,从而导致覆盖表面产生裂缝,产生新的进气通道,空气再次进入后导致矸石山复燃;覆盖的黄土层在雨水冲刷的作用下,也会产生深浅不一的沟壑及滑移现象,使封闭作用失效。

灌浆法是一种通过注入浆液来冷却自燃煤矸石的技术。具体实施时,通常会在自燃矸石山表面挖掘出深度为 $1\sim 2$ m 的坑,然后将由石灰乳、水泥或粉煤灰等材料配制而成的浆液灌入这些坑中。这种方法能够有效地降低自燃区域的温度,抑制自燃现象。然而,该方法在实际操作中也存在一定的安全隐患,特别是在矸石山表面挖掘作业时,通常需要使用重型机械设备。由于矸石山内部自燃而产生的灰分较为松散,在重型机械作业时容易引发地面塌陷的问题。此外,在高温区域施工时,过高的温度会使机械设备的操作产生困难,并且对现场工作人员的安全构成威胁。因此,在选择使用灌浆法治理矸石山自燃时,必须充分考虑上述安全风险,并采取相应的防护措施,以确保施工过程的安全性和有效性。

喷浆法的基本原理是通过在矸石山表面喷射浆液,待其凝固后形成一层致密的封闭层,以此来隔绝空气,从而使矸石山因缺乏氧气供给而逐渐熄灭。此方法使用灭火浆液对矸石山的斜坡表面进行喷浆处理,利用高压机械将浆液直接喷射到斜坡表面,让浆液能够渗入矸石的裂缝之中,以达到降低火区温度的目的。同时,浆液还能填充坡面上的缝隙,防止空气流入矸石山内部的火区,切断氧气供应,从而有效控制火势的发展。

注浆法是目前用于矸石山自燃治理最多的方法,利用浆液冷却自燃的矸石,同时浆液封堵矸石内部的缝隙,降低孔隙率,阻止空气进入,从而达到灭火的目的。灭火流程为,建立注浆站,利用黄土、粉煤灰、白灰、高分子灭火剂等加水搅拌制成浆液,使用钻机在矸石山的自燃区域钻出注浆孔,通过泥浆泵把浆液输送至注浆孔内,浆液进入高温区后将自燃的煤矸石包裹,浆液吸热冷却矸石,流动的浆液封堵矸石山内部的缝隙,当孔隙率低于 4% 时,空气无法进入矸石山内部,火源将逐渐熄灭。如果浆液中含有石灰乳等碱性物质,部分煤矸石燃烧排放的 SO_2、CO_2、H_2S 酸性气体被石灰乳等吸收,反应生成 $CaSO_3$、$CaSO_4$、$CaCO_3$ 等盐类物质,附着在煤矸石表面,则可起到一定的封闭作用。

以下是我国治理自燃矸石山的实际案例。

2005年平顶山四矿矸石山发生爆炸,造成严重人员伤亡及财产损失,采取黄泥注浆、灌浆灭火措施,施工现场如图1-4所示。

图1-4 平顶山四矿注浆法施工图

阳泉煤业集团的一处矸石山自燃治理采用注浆法和黄土覆盖法相结合的方法。首先对矸石山进行削坡处理,坡度为30°,设立马道,便于注浆设备的作业,注浆原料为白灰、黄土和高分子灭火材料;注浆完成后,在矸石山表面覆盖黄土,拍平压实,并且在矸石山表面进行绿化复垦。

2019年晋煤集团寺河矿自燃矸石山治理采取高温区注浆灭火工艺,注浆料为黄土,以及少量粉煤灰和石灰粉,灭火后采取水泥浆液坡面喷浆硬化封闭处理的施工工艺,施工现场如图1-5所示。

图1-5 寺河矿注浆法施工图

1.2.2 注浆灭火材料研究现状

注浆材料是影响灭火效果的关键因素,同时也是决定灭火费用的主体。因矸石山所处地理位置和形成条件差异,自燃程度各有不同,注浆材料使用差别较大。

(1) 黄土和粉煤灰类灭火材料

黄土、粉煤灰类灭火材料具有取材方便、价格便宜、均匀度好等优点,在矸石山注浆治理中应用较多。黄土中的蒙脱石具有较好的离子交换能力,可吸附阳离子、水分子,而黄土中碳酸盐类矿物质的存在使其具有一定的胶结性,所以黄土是制备浆液的主要原料。粉煤灰中具有一定量的 CaO、SiO_2、Al_2O_3 等氧化物,CaO 遇水生成的 $Ca(OH)_2$ 可以与矸石山燃烧生成的 SO_2、SO_3、CO_2 反应生成 $CaSO_3$、$CaSO_4$ 和 $CaCO_3$,可有效隔绝氧气,灭火降温。另外,粉煤灰中的 SiO_2、Al_2O_3 被激活后,可以生成硅酸盐、硅铝酸盐等产物,可达到较好的灭火功效。所以,在实际应用中,将黄土、粉煤灰等材料按合适比例配合,可使矸石山火情得到有效控制。

平顶山四矿、郭家河煤矿、大同云冈煤矿等采用廉价黄土为原料,添加部分石灰制备注浆灭火材料,晋城寺河矿采用黄土+粉煤灰+水泥为注浆材料均取得了较为满意的灭火治理效果。采用黄土为原材料注浆治理自燃矸石山,虽然可以取得一定的治理效果,但从长远来看,黄土胶凝稳定性较差,雨水渗透至矸石山内部会将固结的黄土再次稀释为泥浆流出矸石山,从而导致周边水体污染,长期循环降水势必造成矸石山孔隙率增大,稳定性降低,存在复燃及滑坡风险。

(2) 碱性类灭火材料

煤矸石山中存在大量硫铁矿,是引起矸石山自燃的内因。硫铁矿氧化使得矸石山内部处于酸性环境,促进硫酸杆菌的增加,使自燃加剧,因此选择碱性类灭火材料可以有效改善矸石山内部酸性环境,减少硫铁矿自热。常用的碱性材料为生石灰、电石渣以及加入强碱 NaOH 的石灰乳液等。$Ca(OH)_2$、NaOH 可以有效吸收自燃产生的 CO_2、SO_2 等酸性毒害气体,降低其释放量,减少对环境的破坏;同时反应生成硫酸盐、碳酸盐沉淀覆盖在矸石体表面,形成一层隔氧膜,抑制自燃,在此反应过程中伴随着硅、铝氧化物与碱性材料反应,同样生成黏稠的凝胶,隔绝矸石体与外界空气的接触。

电石渣与粉煤灰具有相似的性质,其水解后生成的 $Ca(OH)_2$ 可以和 SiO_2、Al_2O_3 作用,生成的硅酸盐、铝硅酸盐和碳酸钙覆盖在矸石表面隔氧灭火。此法虽然可有效改善矸石山的内部环境,但治理费用较高,作业人员在施工过程中存在被 NaOH 灼伤的危险,需要加强防护措施。

(3) 胶体类灭火材料

胶体类灭火材料可分为三类:凝胶类灭火材料、稠化胶体材料和复合胶体材料。凝胶类灭火材料通常以硅胶为主体,以水玻璃为基料,再加上一定比例的促凝剂、增强剂和水混合而成,无毒害、对环境无污染,具有相应的强度、弹性、形状和屈服值,进入矸石体后吸收大量的热,且其自身内部温度上升较慢、温度不高,因此降温效果良好,但浆液成本较高。稠化胶体是在黄土、砂子、粉煤灰及水等组成的浆液中加入一定分散剂组成,胶体的流动性和灭火效果达到最佳,具有较好的灭火性能。复合胶体是指在黄土、泥沙、粉煤灰浆液中加入基料,如加入高分子材料通过链接架桥作用或加入其他胶凝剂利用化学反应,使浆液失去流动性的胶体材料,因此此类胶体材料流动度小,注浆半径小,灭火区域小,需要布置密集的注浆钻孔,治理费用较高。

综合分析,胶体类灭火浆液进入矸石山内部可充填矸石山内部孔隙、附着在矸石体表面,起到隔氧、吸热、减少漏风通道的作用,能够有效抑制自燃,但是矸石山内部温度场分布复杂,孔隙率大小不一,注浆成本难以控制。

(4) 其他灭火材料

近年来煤及矸石自燃得到多方面关注,防灭火材料也得到了迅速的发展。

低温惰性气体、液氮、液态 CO_2 应用最为广泛。邵昊等通过程序升温试验装置,研究发现 CO_2 对煤自燃的抑制效果优于 N_2;马砺等研究了氯盐类阻化剂对煤自燃低温阶段的煤耗氧速率和放热强度的影响;王德明开发出三相泡沫并成功应用于煤矿灭火领域;秦波涛等在三相泡沫的基础上提出多相凝胶泡沫防灭火新技术;鲁义等以聚丙烯酰胺、复合表面活性剂、混合粉体为原材料研制了一种防控高温煤岩裂隙的膏体泡沫;杨胜强等对高水无机材料的灭火性能进行了深入研究;朱秀凯团队对水凝胶作为灭火防火材料进行了深入研究,研发了一种高效发泡的纤维素水凝胶灭火剂;Y. S. Li 等为了解决煤的自燃问题,研发了一种适用于地面温度较高的煤储存条件防火和灭火的高韧性水凝胶材料;邓敏等对高水无机材料防灭火性能进行了深入研究,并进行了现场应用。

综上所述,矸石山注浆灭火材料种类繁多,各具特色;在注浆过程中应综合考虑矸石山内部条件特征及治理成本,选取适宜的注浆灭火材料,以最小的治理成本达到最佳的治理效果。

1.2.3 煤基固废利用研究现状

据统计,我国 50% 的煤炭以燃烧发电的形式支撑国民经济发展,粉煤灰则是最主要的煤基固废产品。粉煤灰是火力发电厂煤粉燃烧后排出的烟道飞灰,经过 1 100~1 500 ℃ 高温燃烧后形成,其主要成分是 SiO_2、Al_2O_3,含少量 Fe_2O_3、CaO、MgO、SO、TiO_2、P_2O_5、MnO_2 和 Na_2O 等,以及 Li、Ga、Ge、V 和 U 等微量元素,具有较高的经济价值。受燃煤种类及燃烧形式影响,各地区粉煤灰成分及品质差异较大,多年来人们针对粉煤灰综合利用开展了诸多研究工作,涵盖了建筑材料、道路工程、农业肥料、环保材料以及回收工业原料等多个领域。

在建筑行业中,粉煤灰的应用广泛。其成分与黏土相似,可以替代黏土生产多种类型的砖块,如粉煤灰烧结砖、粉煤灰蒸养砖、粉煤灰免烧免蒸砖等。此外,粉煤灰还可以用于配制粉煤灰水泥、粉煤灰混凝土和粉煤灰硅酸盐砌块等。其中,粉煤灰水泥是由硅酸盐水泥熟料和粉煤灰加入适量石膏磨细而成的水硬性胶凝材料,广泛应用于一般民用和工业建筑工程、水工工程及地下工程;粉煤灰硅酸盐砌块则是一种新型墙体材料,具有轻质、高强、空心和大块等特点,工效高且投资省。

在道路工程中,粉煤灰同样发挥着重要作用。由于粉煤灰的化学组成与天然土基本相同,并且具有一定的微胶凝特性,它常被用作压实地基填方材料。粉煤灰的颗粒组成相当于粉砂和粉土,气压式的体积密度比土轻,因此适合用于地基回填。在我国,尤其是高速公路常采用粉煤灰、黏土和石灰掺和作为公路路基材料,不仅节约了水泥,还提高了工程质量。

在农业领域,粉煤灰具有质轻、疏松多孔的物理特性,可用于改造重黏土、生土、酸性土和盐碱土,弥补其酸、瘦、板、黏等缺陷,改善土壤的水、肥、气、热条件。粉煤灰中含有 P、K、Mg、Mn、Ca、Fe、Si 等植物所需的元素,可以制成硅钙肥、钙镁肥等各种复合肥,提高农作物的产量。

在环保领域,粉煤灰的应用也非常广泛。它可以制作人造沸石和分子筛,不仅节约原材料,而且工艺简单,产品质量可达甚至优于化工合成的分子筛。粉煤灰还可以制造絮凝剂,具有强大的凝聚功能和净水效果。作为吸附材料,粉煤灰可以用于印染、造纸、电镀等行业的工业废水和有害废气的净化、脱色和吸附重金属离子。此外,粉煤灰还可以用于制作活性炭或直接作为吸附剂。

在回收工业原料方面,粉煤灰中的有用组分主要包括煤炭、金属物质和空心微珠。通过浮选法或静电分选法可以回收粉煤灰中的煤炭，回收率可达85%～94%。金属物质主要是Fe和Al，以及其他稀有金属和变价元素，如铂、锗、镓、钪、钛、锌等。空心微珠具有高强、耐磨、隔热、绝缘等多种优异性能，可以作为多功能无机材料应用于塑料工业、石油化学工业、军工领域等。

受地域经济发展制约，我国北方粉煤灰利用率较低，大部分粉煤灰进行了堆存掩埋处理。

脱硫石膏是燃煤电厂进行烟气脱硫过程中的另一工业废弃物，它的主要成分为$CaSO_4 \cdot 2H_2O$，此外还含有一定量的水分、灰分（如Fe_2O_3和SiO_2）以及其他杂质。脱硫石膏具有良好的胶凝性，且强度高于普通石膏。我国脱硫石膏综合利用率约56%，主要用于生产石膏基墙体材料，包括纸面石膏板、石膏纤维板、石膏空心条板、石膏木屑板、石膏砌块、石膏砖等。脱硫石膏还可以作为水泥缓凝剂，通过调节水泥的凝结时间，提高水泥的强度、降低干缩率、提高抗冻性和安定性。

电石渣（泥）是电石水解生成乙炔气后产生的一种工业废渣，电石渣以$Ca(OH)_2$为主晶相，并含有少量$CaCO_3$，主要用于代替石灰石制水泥，生产生石灰作为电石原料，生产轻质砖等，应用范围较小，利用量少。

（1）电石渣与粉煤灰协同利用研究

大量研究表明，提高粉煤灰综合利用水平关键在于粉煤灰火山灰活性的激发，A.L.A.Fraay等通过溶出试验证实，粉煤灰需要在pH＞13.4的碱性条件下结构才会被破坏，而工业固废电石泥恰恰为粉煤灰的活性激发提供了碱性条件，粉煤灰和电石渣在一定条件下混合，可应用于公路修筑，生产蒸压砖等建筑砌块，以及矿用采空区充填材料和水泥生产辅料等。

韩福强等利用水泥、粉煤灰、电石渣、石灰作为原材料制作砌块，电石渣代替石灰率在12.5%～50%范围内发泡状态较好，且随着电石渣的增加，砌块强度呈上升趋势。张涛以电石渣为钙镁质氧化物原料、粉煤灰为火山灰质原料、硫酸钠为硫酸盐原料，研制了电石渣-粉煤灰-硫酸钠三元PLS胶凝材料，得出电石渣与粉煤灰质量比为1∶4时PLS胶凝材料的砂浆试件强度达到最佳。邱树恒等研究了水泥砂浆中电石渣激发粉煤灰活性作用，通过SEM和XRD分析发现电石渣的加入可以促进粉煤灰的水化，增加水化产物数量，使高掺量粉煤灰水泥砂浆的28 d抗压强度提高23%～33%。

（2）脱硫石膏与粉煤灰协同利用研究

脱硫石膏因其良好胶凝性，与粉煤灰共同制备新型复合材料成为处理工业废渣的一种新型方法。目前国内外研究人员进行了相关研究，C.Telesca等对比研究了35%氢氧化钙、25%粉煤灰分别掺入40%脱硫石膏和40%石膏，在养护时间为2 h～7 d，温度为55～85 ℃的试验环境下，其生成物的组成。C.S.Poon等利用脱硫石膏进行了粗粉煤灰的活性激发效应研究和危险固体废弃物的固化研究。O.Arioz等则利用粉煤灰、脱硫石膏以及石灰等材料复合进行建筑砖的生产及应用研究，并探讨了各因素对建筑砖性能的影响。Antonio研究了不同温度条件下脱硫石膏对粉煤灰-石灰胶凝材料的影响作用，发现70 ℃时脱硫石膏的反应程度较高，对胶凝材料的促进作用最好。

谢慧东等在水泥-粉煤灰-矿渣粉复合胶凝体系配制的干混砂浆中加入一定量的脱硫石膏，发现脱硫石膏对该胶凝体系的活性改善明显，能显著提高该体系的早期、后期抗压强度和拉伸黏结强度,且能使胶凝体系的收缩率降低10%以上。王方群在自然养护的条件下,试验研究了粉煤灰-脱硫石膏胶结材料的固结反应特性,分析了该复合材料的强度影响机理和水化硬化机理,并给出了硬化体的微结构描述。王盛铭通过微观检测与宏观试验,系统地研究了粉煤灰-脱硫石膏双掺水泥基材料在不同改性剂作用下的水化过程和水化机理,同时试验研究了粉煤灰-脱硫石膏双掺干混砂浆和混凝土的主要技术性能。

(3) 粉煤灰-脱硫石膏-电石泥协同利用研究

粉煤灰活性在电石泥的碱性条件下得以激发,融合脱硫石膏优异的胶凝性,三元固废充分发挥各自优势特点,反应生成水化硅酸钙凝胶、水化铝酸钙凝胶、钙矾石晶体,不同配比条件下形成的材料性能差异较大。

吴浩等研究了以粉煤灰、脱硫石膏、石灰为主要原料,硫酸钠、碳酸钠为激发剂的充填注浆材料,结果表明,当粉煤灰∶石灰∶脱硫石膏(质量比)为60∶35∶5时,体系的强度最佳。檀星等采用蒸压养护与物理发泡技术,选定配合比为粉煤灰∶电石渣∶矿渣∶固化剂∶脱硫石膏∶发泡剂=58.5∶20∶10∶10∶1.5∶0.1,生产了全固废蒸压轻质砌块,解决了加气混凝土生产过程中发泡效果差和强度较低等问题。经检测,该砌块抗压强度为4.8 MPa,密度为617.5 kg/m³。刘满超以粉煤灰和矿渣为原料,利用电石渣、脱硫石膏等进行活性激发,制备高性价比充填胶凝材料,代替普通硅酸盐水泥。

综上所述,通过优化配比和技术条件,煤基固废可以制备出性能优异的复合胶凝材料。将煤基固废应用于治理自燃矸石山展现出理论上的可行性,从经济角度来看,其成本低廉,具有独特的地方优势。这不仅为解决煤基固废的堆放难题提供了新的思路,同时对提高煤基固废的利用率也具有重要的意义。

1.3 研 究 内 容

本书以内蒙古自治区科技重大专项"乌海及周边地区大气污染防治重大关键技术研究与示范"项目为依托,结合内蒙古西部地区工业发展特点,深入研究矸石山自燃特性,粉煤灰-脱硫石膏-电石泥协同水化机理;以煤基固废为原料制备矸石山表面喷浆封堵材料和矸石山深部火区注浆灭火材料,封堵空气从坡面进入矸石山的内部通道,改善矸石山内部酸性环境,从本源上杜绝矸石山复燃的发生,形成系统的坡面喷浆封闭工艺及技术、深部注浆灭火的工艺及技术,后续完善矸石山整形、建立排水系统以及开展生态复垦修复工作,实现对矸石山的综合治理。

2 矸石山自燃主要影响因素分析

2.1 矸石山自燃升温的基本特征

2.1.1 矸石山发生自燃的条件

煤矸石的自燃过程是一个极其复杂的物理化学反应,煤矸石从常温状态转变到燃烧状态不仅受到煤矸石的物理化学性质的制约,同时也与煤矸石的矿物组成、含水量、粒径以及堆积方式和所处自然环境等因素有关。同时满足燃烧三要素是矸石山发生自燃的必要条件,矸石山自燃的三要素分别为:矸石山内部存在可燃物质,具有低温氧化的能力;矸石山内部有为氧化反应持续供氧的条件;矸石山具有一定的蓄热条件,以提供温度持续上升达到可燃物燃点的环境。以上三个条件必须同时满足,矸石山才会发生自燃。

煤矸石山自燃的过程相当复杂,忽略外界因素的影响,将煤矸石自燃表现出的宏观现象归纳为以下三步:第一步,空气中的氧气通过矸石山表面缝隙流入矸石山内部并且吸附在矸石表面;第二步,矸石缓慢氧化不断释放热量,矸石积聚的热量远大于散发到外界的热量,从而造成矸石山内部温度上升;第三步,矸石山内部的热量持续累积,温度不断上升加速矸石氧化,直至达到矸石的燃点引起自燃。一般认为煤矸石的温度在80～90 ℃之间,即具备自燃条件,开始自燃过程。

2.1.2 矸石山自燃的过程

矸石山的燃烧与碳质可燃物的燃烧过程相似,均符合燃烧学原理。在矸石山自燃的初始阶段,矸石内的可燃物质与空气充分接触,在氧气的作用下发生缓慢的氧化还原反应,同时伴随着热量的释放,并积聚在矸石山内,从而导致矸石山内部温度不断升高,当温度持续上升达到临界温度后,矸石氧化还原反应的速率迅速加快,温度急剧升高,以上过程为矸石山的"自我发热期";矸石山温度继续上升至可燃物的燃点后引起矸石的自燃,并且矸石的燃烧逐渐进入稳定状态,此过程称为"自燃发生期",矸石山自燃进入自燃期后一段时间内,矸石中的可燃物持续燃烧,大量的放热造成矸石体温度大幅上升,进一步促进矸石山自燃,矸石山内部燃烧范围迅速扩大,此过程称为"自燃发展期";随着矸石山内部的可燃物逐渐燃烧消耗后,矸石山的温度开始下降,内部高温区范围逐渐缩小,此过程称为"自燃衰退期"。国内外学者将矸石山自燃发展的过程大概划分为自我发热期、自燃发展期和自燃衰退期三个阶段,并针对三个主要阶段的燃烧特征进行描述如下:

① 自我发热期:此阶段为矸石山自燃的初始阶段,发展初期的矸石山表面无特殊迹象,部分区域出现返潮现象;随着反应的缓慢升温,矸石山表面会有白烟冒出,并伴随刺激性气

味,矸石山表面会产生白化的现象。

② 自燃发展期:此阶段矸石山内部区域可燃物发生稳定燃烧,矸石山表面温度显著上升,并且仍旧有冒白烟、刺激性气味的现象,部分燃烧激烈的部位会有明火产生。

③ 自燃衰退期:此阶段的矸石山内部可燃物逐步燃烧殆尽,自燃逐步熄灭,矸石山的表面没有冒烟的现象,但仍散发刺激性气味并且可见明火,山体表面温度下降的同时仍存在体感温度。

2.1.3 矸石山自燃的特征

当煤矸石山内的温度达到可燃物的燃点后,矸石燃烧的过程全面展开,由于煤矸石山自燃具有燃烧厚度大、燃烧初期燃烧区域不连续的特点,矸石内部火区的发展过程十分缓慢。当煤矸石开始受热,矸石内部和表面的水分蒸发,矸石逐渐变得干燥,水分析出之后紧接着挥发分也逐渐析出,当外界温度升高且氧气供给充足时,挥发分会率先燃烧,然后矸石内的固定碳成分燃烧,矸石燃烧的反应同时也具有热解反应的特征,主要受化学动力控制。煤矸石山自燃的特征可概括为两点:矸石山自燃是从内部开始的;矸石山的自燃属于不完全燃烧。

煤矸石山发生自燃的条件之一是具备充足的氧气供应,矸石之间大大小小的孔隙和裂缝是氧气输运的主要途径,矸石山内部的散热条件较差,有利于氧化反应生成的热量不断积聚,所以燃烧首先从矸石山的内部开始,一般在矸石山表面以下不超过2.5 m深的部位温度会较矸石山表面温度有明显的差异。平地起堆的矸石山表面裂缝处往往会有冒烟的现象,说明冒烟位置以下的矸石山内部,靠近坡面位置存在自燃着火点。此现象是由于烟囱效应的作用,空气从坡面下方进入矸石山,矸石山内外的温度差导致空气进一步向矸石山上方移动,热对流作用促使进入矸石山的空气量增加而加剧着火点的燃烧,长时间燃烧后形成裂隙或空洞。

煤矸石中的主要可燃物质大多是由C、H、S等组成的,如残存煤、碳质沉积物和硫化物等。煤矸石在堆积时,由于矸石粒径和形状的不规则,煤矸石之间存在孔隙和裂缝。在矸石山发生自燃之前,这些孔隙和裂缝为黄铁矿和碳质可燃物与空气的接触氧化提供条件;在自燃之后,又为可燃物质燃烧不断补充空气的供应。由于矸石山自燃率先发生于矸石的内部,因此空气通过孔隙和裂缝的速度比较缓慢。另外,孔隙和裂缝所占矸石山内部的空间极其有限,煤矸石内可燃物质与氧不能充分反应,也就是燃烧反应不彻底。

从整体上说,煤矸石山燃烧是在供氧量不足情况下进行的,其燃烧性质属于不完全燃烧。煤矸石山的这一燃烧特征,是煤矸石山燃烧速度缓慢、燃烧时间长的主要原因。在矸石山自燃的案例中普遍可以发现,一座大型的矸石山的燃烧往往要持续十多年,甚至几十年,待煤矸石中的残煤可燃物和黄铁矿基本燃尽后,矸石山的自燃才逐渐熄灭。

2.2 矸石山自燃过程的主要影响因素分析

矸石山的自燃符合燃烧学理论,即矸石山的燃烧也需要经过缓慢升温阶段、氧化自动加速阶段和稳定燃烧阶段,煤矸石在燃烧的过程中同时还受到多种因素的影响,不仅与煤矸石的化学活性、煤矸石中残煤和碳质可燃物的燃烧活化能、矸石的导热系数和矸石发热量等煤矸石内在因素有关,而且还与环境温度、湿度等外在因素密不可分。

2.2.1 环境温度对自燃的影响

环境温度对矸石山自燃的影响主要体现在矸石山的蓄热阶段。从微观层面来看,环境温度导致矸石温度发生变化,矸石温度决定表面的活性结构数量和活泼程度,煤矸石温度越高,矸石表面分子活性越强,结合氧气的能力越强,温度升高再次引起煤矸石的放热量增大,煤矸石的活性进一步增强,从而促使煤矸石放出大量的热,有利于矸石山内部热量积聚。

在煤矸石山内部热量积聚的过程中,主要的传导散热体是煤矸石和围岩,因此煤矸石与围岩之间的温差越小,围岩温度越高,矸石山的蓄热条件就越好,越有利于矸石山热量的积聚。环境温度的不同造成煤矸石分子动能的不同,温度越高,矸石的化学活性就越强,同时高温也可提高氧气的动能,导致氧气的扩散能力和渗透能力增强,增大氧气与可燃物表面活性分子间的接触概率,增强煤氧复合反应的程度,从而导致煤矸石放热强度增加,矸石山进一步积聚热量,矸石山的自燃进程加快。

2.2.2 矸石粒径对自燃的影响

煤矸石的粒径在一定程度上决定着煤矸石山整体的透气性和矸石颗粒的比表面积,煤矸石在开采和分选过程中破碎的程度越严重,粒径越小的矸石比表面积越大,更多的活性结构就暴露在空气中,从而导致煤氧复合反应的增强,放热强度增大,矸石山内部越容易发生热量的积聚,自燃能力就越强。煤矸石的粒径较小时,矸石山的透气性较好,空气会比较容易进入矸石山内部,为氧化燃烧提供充足的氧气,同时由于煤矸石的比表面积变大,刚进入煤矸石山的氧气在矸石山表面位置就被消耗掉,很难进入矸石山更深的部位。有数据表明,煤矸石最易发生自燃时的粒径在 7~12 mm 的范围内,平均粒径在此范围内的矸石山的氧化反应能力、蓄热条件最好,矸石温度上升最快。

2.2.3 矸石山堆积形式对自燃的影响

矸石山多为自然倾倒和顺坡堆放的形式堆积而成的,矸石山在堆积过程中,内部会形成结构相当复杂的孔隙和裂缝。矸石在堆积过程中会发生离析现象,粒径较大的矸石自身的质量较大,倾倒时由于重力作用滚落至矸石山底部,留有粒径较小的矸石在矸石山的中上部。矸石山下部和底部的间距较大,孔隙率较大,矸石山中上部的结构较为致密,矸石分布较为密集,从而导致矸石山不同部位的孔径相差较大,为空气在矸石山内部的流通创造了条件,促进了"烟囱效应"的形成。空气在烟囱效应的作用下由矸石山底部进入,不断上升至矸石山上部流出,加速矸石山内空气流通的同时,还会将矸石缓慢氧化产生的热量带向矸石山上部,从而造成矸石山上部的自燃现象较为严重。目前国内普遍采用自然倾倒的方式堆积矸石,无形中造成了更多矸石山自燃现象的发生。

2.2.4 矸石中煤变质程度对自燃的影响

煤矸石中煤变质程度对矸石自燃的影响主要决定矸石自燃的燃点和发热量。在煤矸石的粒径、堆积形式和煤含量相同的情况下,含煤变质程度低的矸石燃点较低,发热量相对较小,同理,煤变质程度越高,矸石的燃点也就越高。对于矸石山中的煤矸石而言,受低变质程度煤的挥发分、水分、氢含量、矸石密度及硬度等因素对矸石自燃的影响较大,所以矸石中煤变质程度越低,对矸石自燃的影响越大。含煤变质程度低的矸石会产生大量挥发分,矸石在自燃过程中会产生大量的甲烷、乙烷和乙烯等易燃有机气体,这些气体在高温环境中会起到助燃作用,使矸石的燃烧加剧;含煤变质程度低的矸石分子的活性基团数量较多,极易发生氧化反应;含煤变质程度低的矸石中水分含量较高,并且煤在氧化自燃过程中还会生成更多的水分,促进矸石中硫铁矿的氧化反应,提高矸石的温度,促进矸石的自燃;含煤变质程度低的矸石密度和硬度较小,在外力作用下较易破碎,从而使得矸石比表面积变大,矸石的氧化燃烧的可能性增大,矸石与氧气的反应速度加快,进而促进矸石的自燃。

2.2.5 矸石含水量对自燃的影响

矸石含水量对自燃既有促进作用又有抑制作用,矸石中水分的来源除了矸石自身所含水分以外,更多是受当地降雨降水作用的影响。雨水顺着孔隙与裂缝渗入矸石山内部,由于煤矸石表面不规则且结构疏松多孔,矸石表面会吸收大量水分,矸石山整体含水量大大增加。矸石含水量的变化对矸石山自燃产生的多重作用如下。

矸石中的残存煤由于风化作用而使矸石结构变得松散,矸石的比表面积大大增加,煤矸石山在升温阶段遇到降水天气时,矸石的吸氧能力显著上升。有关研究表明,当煤矸石的含水量达到15%左右时,在60 ℃的恒温条件下进行8 h的吸氧测试,此时煤矸石中残存煤的吸氧能力达到最大,为干燥矸石的7~8倍,说明煤矸石在低温阶段的氧化速率随着含水量的增加而变大;而当矸石含水量过多时,水分反而能带走热量,抑制煤矸石的氧化反应放热,有研究表明,当煤矸石的含水量超过20%时,矸石的着火点温度会明显降低80%以上。

矸石山自然倾倒的堆积方式造成矸石山底部的孔隙较大,大气降水会顺着矸石山底部的孔隙渗入矸石山。由于水的流动性较强,矸石山内部的通风条件反而会得到改善,加速矸石山内火区燃烧的速度,促进矸石山的自燃。同时,大气降水作用会使矸石山底部的环境温度降低,矸石山内外产生的温差会促使空气的进一步流通,更多的空气进入矸石山内部,从而加剧煤矸石的自燃。

2.2.6 矸石硫含量对自燃的影响

煤矸石中的硫元素,一般来自硫铁矿、有机硫、单质硫和硫酸盐硫。硫酸盐硫一般不可以燃烧;单质硫易燃,但其含量很少,占煤矸石硫含量的1%以下;有机硫均匀地分布在煤矸石的残存煤基分子的多环结构中;硫铁矿硫易燃,占煤矸石硫含量的80%以上,是煤矸石中硫元素的主要来源。

煤矸石中的硫铁矿以黄铁矿(FeS_2)为主。煤矸石中的FeS_2成分在低温下会对空中的氧气产生吸附作用,发生的还原反应放出热量。如果FeS_2在煤矸石中的分布范围较广,FeS_2颗粒与残煤和碳质可燃物等易燃物质联结在一起,矸石就更易发生氧化自燃。研究表明,煤矸石中硫含量超过2%,硫完全氧化放出的热量,可以使煤矸石升温120 ℃。

因此,在矸石山内部FeS_2较为集中的位置,FeS_2和煤矸石共同氧化放出的热量会大大增加,从而使该区域的煤矸石山体迅速升温,该区域便有可能成为矸石山自燃的火区。

3 矸石自燃阶段特征与气体释放特性分析

为了摸清矸石山内部火区分布情况,制定科学有效的自燃治理方案,需要掌握矸石自燃过程中所处的不同阶段特征。

3.1 试验样品分析

矸石样品来自棋盘井洗煤厂。待除去矸石表面氧化层后,对其进行破碎和缩分,装瓶编号待用。

煤矸石样品的工业分析和化学成分分析结果如表 3-1 和表 3-2 所示。所取煤矸石样品属于"高灰分、低挥发分、低变质程度"的可燃高硫矿物质,并且由于当地气候常年干燥多风,煤矸石呈低水分、高硫分的特点。

表 3-1 矸石样品工业分析结果   单位:%

水分	挥发分	灰分	固定碳
0.59	14.94	77.27	7.20

表 3-2 矸石样品化学成分分析结果

成分	SiO_2	Al_2O_3	C	TFe	S	F	TiO_2	CaO	K_2O
含量/%	40.39	24.89	8.83	0.65	0.297	0.34	0.68	0.23	0.37

3.2 绝热氧化试验

煤矸石分子中不同可燃物的结构不同,导致其活性的差异,使其能够在一定温度下与氧气发生吸附作用和化学反应。热重试验可以将煤矸石这一氧化过程的样品失重量(TG)和热失重率(DTG)的变化进行宏观表示。采用热重分析仪(SDT Q600,TA Instruments 公司,美国)测定煤矸石燃烧过程中质量变化情况。

给予样品不变的升温速度,得到煤矸石样品的质量随温度升高的函数。采用粒径为 100 目的样品 10 mg,试验终止温度为 1 000 ℃,升温速率为 20 ℃/min。将压缩空气通入试验设备,模拟空气气氛进行试验,得到煤矸石样品的失重曲线(TG)与失重速率曲线(DTG),如图 3-1 所示。将这一过程中的标志温度作为煤矸石自燃过程中的特征温度。

目前的研究认为,煤矸石自燃可看作矸石中煤成分的燃烧所致,二者具有相似的自燃过程,大致包括为缓慢燃烧、氧化升温和稳定燃烧三个过程,从物理吸附和化学吸附阶段开始,

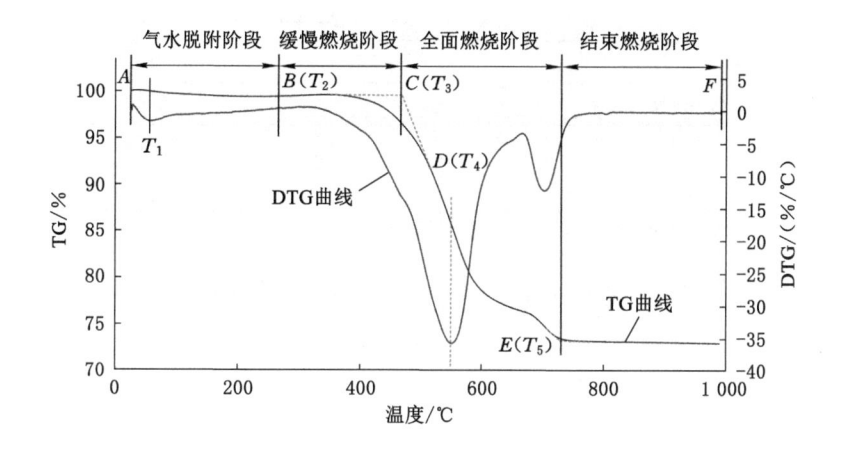

图 3-1 煤矸石 TG-DTG 曲线

随着温度不断上升发生多种复杂的化学反应。煤矸石中众多的大分子结构均能在某一特定温度下与氧气发生相应的反应,这些反应发生时对应的温度称为特征温度。

图 3-1 显示煤矸石自燃氧化反应过程主要分为缓慢氧化和激烈燃烧两个阶段。随着温度的升高,TG 曲线出现小幅下降,随即达到平衡状态。温度达到 400 ℃ 左右时 TG 曲线迅速下降,700 ℃ 之后逐渐平缓。DTG 曲线直观显示了矸石样品在燃烧过程中质量变化的速率。由曲线可知,煤矸石样品在预处理过程中,吸附空气中的水分和氧气等气体,达到物理饱和状态。因此在反应初期,水分蒸发并带走样品表面吸附的气体,造成燃烧初期的质量下降。

初始阶段,煤矸石吸附的氧气被消耗,产生 CO 和 CO_2 等气体,矸石质量降低到失重速率最大点,达到临界温度 T_1(60 ℃),即 DTG 曲线上失重速率第一次达到最大时对应的温度值。温度升高,煤矸石分子结构中的侧链、含氧官能团及一些小分子参加反应,矸石氧化与裂解反应生成气体与煤氧复合的耗氧速率达到短暂平衡,此时温度为干裂温度 T_2(275 ℃),该温度之后的煤矸石质量在一定时间内保持不变,直至煤矸石表面的活性分子开始急剧吸附氧气,煤矸石样品质量逐步上升。

矸石继续燃烧,矸石表面出现的小孔隙吸附空气中的氧,矸石质量增加。煤氧反应加剧,矸石分子的内能增加。大分子结构加速断裂,更多活性结构参与反应,直至煤矸石分子的耗氧量达到峰值。过 DTG 曲线的顶点作横坐标的垂线,向上延长直至与 TG 曲线相交于一点 D,过点 D 作 TG 曲线的切线与其延长线相较于点 C,C 点温度为煤矸石的着火点温度 T_3(470 ℃)。此后,煤矸石迅速燃烧并大量放热,直至反应结束。

根据 TG-DTG 曲线,DTG 曲线的峰值为煤矸石燃烧最大热失重率,经 DTG 曲线峰值作垂线与 TG 曲线的交点,为最快失重氧化温度 T_4(552 ℃)。当煤矸石样品中的有机物质完全燃烧消耗之后,质量不再改变的温度点为燃尽温度 T_5(735 ℃),即 TG 失重曲线的切线与其延长线的交点 E 的横坐标。

煤矸石样品自燃过程中各特征温度见表 3-3。以特征温度点为基准,煤矸石自燃过程可分为气水脱附阶段、缓慢燃烧阶段、全面燃烧阶段和结束燃烧阶段,见表 3-4。

表 3-3 煤矸石样品的特征温度

特征温度	值/℃
T_1 临界温度	60
T_2 干裂温度	275
T_3 着火点温度	470
T_4 最快失重氧化温度	552
T_5 燃尽温度	735

表 3-4 煤矸石自燃的各阶段参数

煤矸石自燃阶段	温度范围/℃	失重率/%
气水脱附阶段(AB)	24～275	0.55
缓慢燃烧阶段(BC)	275～470	2.65
全面燃烧阶段(CE)	470～735	22.10
结束燃烧阶段(EF)	735～1 000	0

① 第Ⅰ阶段,气水脱附阶段(室温～275 ℃),煤矸石样品的失重率为0.55%。在这个阶段,煤矸石的质量减小不明显,主要发生的反应是矸石样品表面的水分蒸发和气体脱附,在DTG曲线上表现为波谷,波谷对应的横坐标即煤矸石样品的临界温度T_1。在此阶段,煤矸石内部水分和气体的物理脱附作用减弱,化学吸附开始增强,煤矸石对氧气的吸附量和气体脱附量会出现短暂的平衡,矸石质量基本保持稳定不变;随着温度升高,动态平衡状态被破坏,矸石中活性基团数增多,进一步促进氧化反应进行,TG曲线上呈现煤矸石质量的增加,此时煤矸石燃烧将进入氧化升温阶段。

② 第Ⅱ阶段,缓慢燃烧阶段(275～470 ℃),煤矸石样品的失重率为2.65%。随着温度上升,煤矸石样品内的水分进一步蒸发,有机物成分开始裂解,样品的失重量开始增加,曲线持续下降,TG-DTG曲线呈快速下降的趋势。煤矸石样品随着温度升高开始缓慢分解和氧化,同时开始不断放热,造成热量的积聚。煤矸石分子的芳环结构开始快速氧化分解,产生可燃气体和小分子有机气体,同时挥发分成分也在缓慢燃烧,放热量逐渐变大,热量不断积聚直至温度上升至矸石着火点温度。

③ 第Ⅲ阶段,全面燃烧阶段(470～735 ℃),煤矸石的失重率为22.10%。此阶段为煤矸石样品主要的氧化分解燃烧阶段,同时伴随大量的热量释放。矸石分子中含有的固定碳和挥发分大分子结构的分子链断裂,产生可燃气体和烷烃气体。全面燃烧阶段为煤矸石燃烧过程中失重率最大的阶段,TG-DTG曲线在短时间内迅速下降。当温度达到最状失重氧化温度T_4时,DTG曲线达到阶段峰值,样品的温度超过这一温度后,矸石的失重速率逐渐变慢。其原因是煤矸石分子结构中的烷基侧链发生裂解或解聚,活性结构增加导致氧气吸附量增大,失重量减小;随着煤矸石样品持续裂解,大分子结构断裂,氧气消耗量和气体释放量变大,煤矸石质量持续减小。根据DTG曲线,矸石全面燃烧阶段的后半程出现了第二个反应峰,此时样品的温度为703 ℃,两个失重峰分别为挥发分析出燃烧阶段和固定碳燃烧阶段的特征峰,第二个失重峰值相比第一个失重峰值较小,说明挥发分的燃烧反应较为剧烈,耗氧量最大。在经过两个失重阶段后,矸石中的有机物完全燃尽,样品温度达到了燃尽温

度 T_5。

④ 第Ⅳ阶段,结束燃烧阶段(735~1 000 ℃),TG 曲线在 735 ℃ 左右时趋于稳定,失重率趋于 0。从试验初始温度到燃尽温度,煤矸石样品的总失重率为 25.30%,说明矸石在达到燃尽温度时,矸石中含有的可燃物质已经完全燃尽,剩余矿物质暂时未发生分解,矸石样品质量没有明显变化。可见,煤矸石燃烧至燃尽温度 T_5 时,可有效去除挥发分和固定碳成分。有研究表明,在此阶段之后,温度继续升高煤矸石晶体会被破坏,发生相变,并且产生疏松多孔的活性基团。

3.3 矸石自燃标志性气体分析

矸石山自燃进程可根据特征温度分为四个燃烧阶段,矸石山不断升温氧化过程中,矸石燃烧的不同温度阶段会不断生成不同成分和含量的气体产物,其中某些气体的成分和含量等参数会随煤矸石温度的上升而发生规律性变化,这种变化可以反映煤矸石山高温区矸石在自燃发展过程中所处的燃烧阶段和煤矸石在此阶段的燃烧程度。

采用程序控温管式炉(ZHK-B06123K,中环电炉,中国)和气相色谱仪(7890B,安捷伦,美国)测定煤矸石在燃烧过程中释放气体种类、浓度的变化情况。试验开始之前对管式炉体进行烘炉,校准程序控温箱。取 180 g 煤矸石样品放入炉体,完成气路的连接。打开气瓶,检查气路密闭性的同时确保样品完全置于试验气氛内,调节加压阀和稳压阀,通入流量为 80 mL/min 的压缩空气。开始程序升温,升温速率为 4 ℃/min,每升温 25 ℃ 后恒温稳定 5 min,采用气相色谱仪分析此时气体的成分及其体积分数。

3.3.1 单一气体生成规律

管式炉程序升温试验分析了煤矸石样品随着温度升高发生氧化反应释放的单一气体的体积分数,并绘制成与矸石温度之间关系变化的曲线图,如图 3-2 至图 3-5 所示,煤矸石样品的单一气体的体积分数随样品温度的上升呈现相应的变化趋势。下面详细对试验过程中释放的 CO、CO_2、CH_4、C_2H_6 气体和氧气的体积分数与煤矸石样品温度变化关系进行分析。

由图 3-2 可以明显观察到矸石燃烧过程中 O_2 体积分数与煤矸石样品温度的关系。曲线显示检测初期就有 O_2 的存在,其原因是压缩空气的试验气氛中原有 O_2 成分。随着矸石温度的升高,煤矸石样品中挥发分开始燃烧消耗 O_2,所以 O_2 的体积分数曲线随着温度的升高不断下降。当矸石温度达到 550 ℃ 左右时,煤矸石经历完全燃烧后余下的可燃物质很少,燃烧反应逐渐变弱,开始被热解反应替代,O_2 的体积分数在 550 ℃ 之后趋于平稳,几乎不再降低。

CO 体积分数与煤矸石样品温度的关系如图 3-3 所示。由于煤矸石的固定碳含量较低,所以矸石在氧化升温的初始阶段,除了其表面吸附的 CO 气体解吸释放出来以外,只生成少量的 CO 气体。当煤矸石样品的温度达到 250~300 ℃ 时,曲线图显示 CO 气体的体积分数上升,所以煤矸石样品自燃氧化产生 CO 的临界温度是 250 ℃,在此温度范围内,煤矸石样品对 O_2 主要发生吸附作用,且反应速度缓慢。随着矸石温度升高,CO 体积分数呈指数上升的趋势。温度在 300~550 ℃ 范围内,CO 的体积分数上升速率基本保持不变,此时矸石中的碳质可燃物在充分燃烧,煤氧复合反应加快。煤矸石样品温度在 550~600 ℃ 时,CO 体积分数曲线呈下降趋势,说明 550 ℃ 是燃烧过程的拐点,此温度后 CO 的体积分数开始下

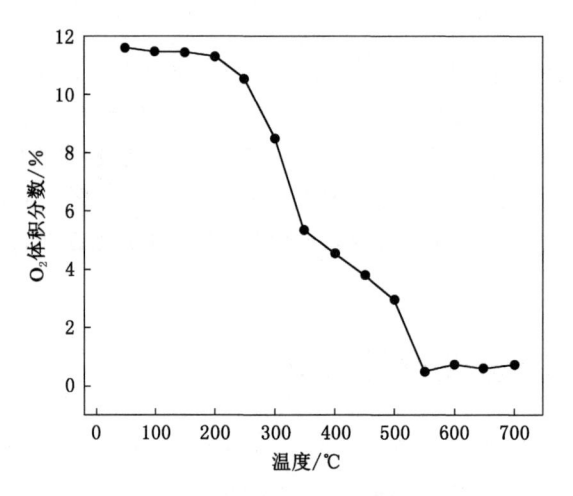

图 3-2　O_2 体积分数与温度的关系

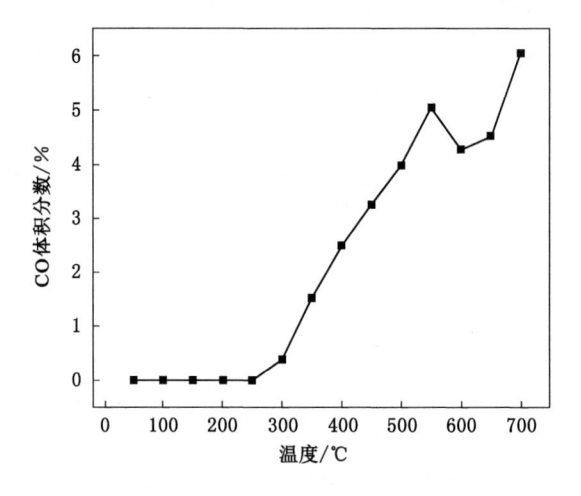

图 3-3　CO 体积分数与温度的关系

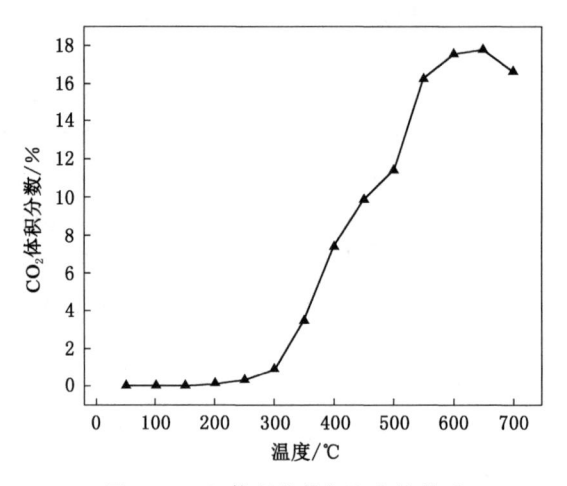

图 3-4　CO_2 体积分数与温度的关系

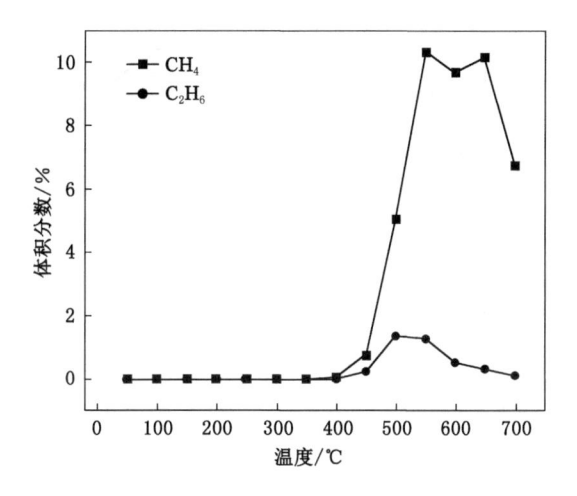

图 3-5 CH₄ 和 C₂H₆ 体积分数与温度的关系

降,燃烧过程逐渐停止。

CO_2 体积分数与煤矸石样品温度的关系如图 3-4 所示。CO_2 气体在试验前期温度较低时已经出现,其原因是煤矸石表面附着的 CO_2 发生脱附。矸石温度达到 200 ℃时,CO_2 气体开始释放,且曲线的斜率变大,CO_2 气体体积分数增长速率变快。当矸石温度达到 300~400 ℃时,CO_2 气体的体积分数上升速率加快,说明煤矸石氧化燃烧的活跃阶段是从 300 ℃ 开始的。当矸石样品温度超过此温度后,O_2 的消耗速率急剧降低,CO_2 的生成速率升高,说明煤矸石已经完全进入氧化活跃阶段。通过曲线图可以看出,550 ℃之前 CO_2 与 CO 气体的生成规律相似,CO_2 和 CO 气体体积分数曲线的变化趋势可以反映煤矸石样品的温度在此阶段的变化趋势,作为判断煤矸石自燃时矸石燃烧程度的依据。

CH_4 和 C_2H_6 体积分数与煤矸石样品温度的关系如图 3-5 所示。试验的初始阶段未检测到有机气体的生成,煤矸石样品开始释放 CH_4 和 C_2H_6 的温度分别为 350 ℃和 400 ℃ 左右。随着矸石温度的升高,CH_4 和 C_2H_6 的体积分数不断上升,当温度达到 450 ℃时,CH_4 气体体积分数的增长速率变大,500 ℃时 C_2H_6 气体的体积分数降低,说明在此温度以后,煤矸石内的残煤解析出的 C_2H_6 气体慢慢减少,热解反应逐渐结束。

3.3.2 CO₂/CO 与 CH₄/C₂H₆ 变化规律

由于单一气体参数容易受到环境气体的影响,难以说明煤矸石的自燃特性问题,为进一步研究棋盘井洗煤厂煤矸石自燃的燃烧阶段与特征,采用复合气体指标,CO_2/CO 和 CH_4/C_2H_6(体积分数之比)作为辅助参数表示煤矸石氧化程度,并绘制曲线,如图 3-6 和图 3-7 所示。

由前文对单一气体变化规律的分析可知,CO 和 CO_2 气体存在于煤矸石自燃的整个过程,并呈现良好的规律性。根据有关资料,煤氧复合反应产生的 CO_2 和 CO 的平均热效应分别为 447 kJ/mol 和 312 kJ/mol,所以 CO_2/CO 在煤矸石自燃的一定阶段能够表示温度的变化。由图 3-6 可以看出,CO_2/CO 在试验检测的初期阶段随着温度升高而下降,350 ℃时逐渐趋于平缓后再次上升,在 450 ℃左右达到最大值,500 ℃时的变化趋势再次由下降变为上升,温度达到 600 ℃之后又出现明显的下降。CO_2/CO 在煤矸石程序升温试验中分别在

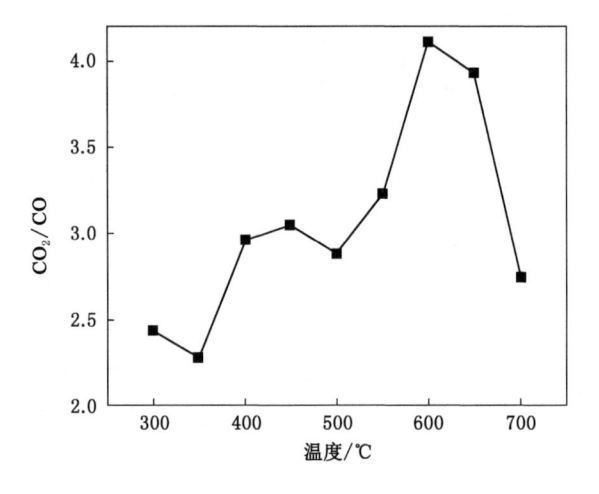

图 3-6　CO_2/CO 与煤矸石样品温度的关系

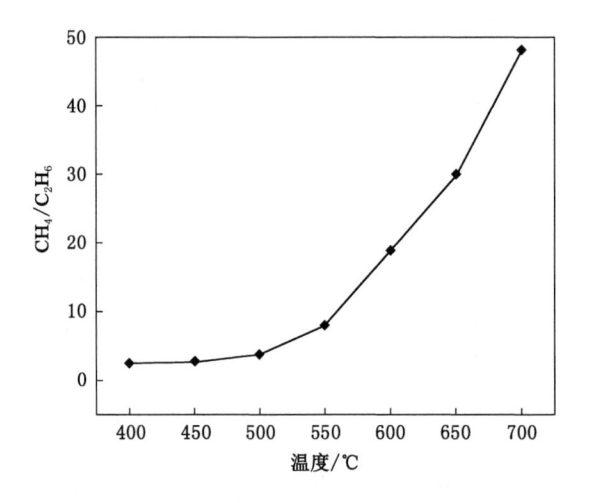

图 3-7　CH_4/C_2H_6 与煤矸石样品温度的关系

450 ℃和 600 ℃时出现了两次极值,可以推断出在这两个温度点煤矸石样品产生了大量的 CO_2 气体。由图 3-7 可以看出,CH_4/C_2H_6 从试验初始即随温度升高而增大,在 550 ℃之后曲线上升的速率大于 550 ℃之前,可以推断在 550 ℃时甲烷的脱附作用逐渐增强,550 ℃以后甲烷的生成率大于乙烷的生成率。

3.4　试验结果讨论

结合煤矸石在各燃烧阶段的质量、温度和释放气体特征,得出如下结论:

① 气水脱附阶段,煤矸石样品从开始升温到质量第一次达到最小值的过程。矸石样品吸附的 CO、CH_4 等气体和自身含有的水分在这一阶段开始脱附和蒸发。当矸石温度达到 200 ℃时,燃烧产生 CO_2 气体。温度上升至 250 ℃时产生 CO 气体。温度大于 T_2 后,蒸发和脱附放出的热量不断积聚,温度上升。煤矸石样品在气水脱附的同时会伴随微弱的氧化反

应,产生少量的 CO、CO_2 和水蒸气并继续放热。随着气水脱附减弱,在放热量逐渐大于吸热量的过程中,煤矸石质量会达到一个短暂的平衡。

② 缓慢燃烧阶段,煤矸石样品质量最小值点到开始燃烧的阶段。该阶段的煤矸石样品质量增加的原因是煤矸石吸收氧气,产生络合物。煤矸石分子的侧链断裂,进行热解反应释放有机气体。温度为 350 ℃ 时有 CH_4 生成,400 ℃ 时有少量 C_2H_6 生成;温度上升至 450 ℃ 时,CO_2/CO 达到第一个极值点,CO_2 气体的体积分数在短时间内达到极大值。煤矸石样品质量减少值逐渐大于吸附氧气的质量,标志着在此温度时的煤矸石氧化燃烧反应缓慢开始,但此时的温度并未达到煤矸石的燃点。

③ 全面燃烧阶段,煤矸石迅速发生氧化,矸石质量迅速减少直至 TG 曲线趋于平稳。CO 气体和 CH_4 气体的体积分数在 550 ℃ 时达到极大值。复合参数 CH_4/C_2H_6 变化表征煤矸石自燃的温度达到 550 ℃。此时温度接近煤矸石自燃的最快失重氧化温度 T_4(552 ℃),标志着煤矸石内可燃物开始充分燃烧,此阶段的矸石质量减少 15.6%。全面燃烧阶段所用时间仅为全部反应时间的 15.5%。

④ 结束燃烧阶段,煤矸石不再发生任何反应,矸石样品质量不再减少。煤矸石样品温度达到 600 ℃ 时,CO 体积分数开始下降,CO_2/CO 第二次达到极大值。650 ℃ 时 CO_2 体积分数达到极大值,煤氧复合反应逐渐停止,煤矸石自燃氧化反应达到了燃尽温度 T_5(735 ℃)。在此温度点后,煤矸石内的可燃物质基本燃尽,样品质量不再减少,煤矸石的氧化自燃反应结束。DTG 曲线显示煤在全面燃烧阶段只有一个峰出现,不同于煤矸石的燃烧过程有两个峰。煤矸石 DTG 曲线上的两个峰分别代表煤矸石样品中所含挥发分和固定碳的燃烧。

4 复合胶凝喷浆材料制备

矸石山坡面是矸石山自燃的主要供氧通道,在矸石山表面喷浆形成固化层,能够防风堵漏,隔绝空气,切断矸石山内部氧气的供应,减少"烟囱效应"对矸石山自燃的影响,从而逐渐熄灭矸石山内部火源;此外,对矸石山底部坡面进行喷浆加固处理可显著提高矸石山稳定性,减少矸石山滑坡等灾害的风险。对不需要复垦区域的坡面及最底层台阶坡面可采取喷浆封闭的方法抑制矸石山自燃。

喷浆浆液需要具备良好的流动性和稳定性,固化体要有良好的强度、致密性、耐水性。在实施喷浆过程中,需要综合考量其各项性能指标,并结合矸石山的实际地形、地质条件以及施工需求,确定最佳的喷浆方案和浆液配比。

喷浆材料性能需要满足:

① 浆液要具有良好的流动性,流动度控制在 90~100 mm 之间,便于管道输送。
② 浆液要具有良好的稳定性,6 h 静置析水率≤5%。
③ 喷浆固化层具有较高的强度,7 d 抗压强度≥5 MPa,28 d 抗压强度≥15 MPa。
④ 在满足流动性、析水率及抗压强度性能的前提下,减少水泥的用量,提高粉煤灰、脱硫石膏、电石泥的掺量,达到固废使用量的最大化。

4.1 喷浆原料的理化性质

4.1.1 粉煤灰的理化性质

粉煤灰的化学成分对其性能有着至关重要的作用。粉煤灰是由煤燃烧得来的,煤的化学组成以及在锅炉中的燃烧情况影响粉煤灰的化学成分,粉煤灰主要化学组成有 Al_2O_3、SiO_2、CaO、Fe_2O_3、MgO、SO_3、Na_2O 和 K_2O 等。根据 Al_2O_3 的含量可以把粉煤灰划分为高铝粉煤灰和普通粉煤灰,根据 CaO 的含量可以把粉煤灰分为高钙粉煤灰和低钙粉煤灰。在化学成分中,Al_2O_3 和 SiO_2 的含量对粉煤灰的活性影响比较大,二者含量越高,参与水化反应的 Al_2O_3 和 SiO_2 越多,粉煤灰的火山灰活性表现得越好。粉煤灰中含铁越少,粉煤灰的熔点就越低,熔融过程中产生更多的玻璃体,玻璃体越多,粉煤灰的活性就越好。烧失量对粉煤灰的活性影响也较大,煤粉在锅炉中没有燃烧充分,会使粉煤灰中的碳含量较高,含碳越多,形成的玻璃体含量相对越少,粉煤灰的活性则变差。本次试验使用的粉煤灰取自乌海某燃煤电厂,表 4-1 是该电厂粉煤灰的物理性质,表 4-2 是粉煤灰的主要化学成分。

4 复合胶凝喷浆材料制备

表 4-1　粉煤灰的物理性质

粉煤灰样品	细度(0.045 mm 方孔筛筛余量)/%	烧失量/%	需水量比/%	含水率/%
样品 1	11	3.56	90	0.67
样品 2	10	3.62	89	0.63
样品 3	11	3.58	91	0.59

表 4-2　粉煤灰的主要化学成分　　　　　　　　　　　　　　　　　单位:%

粉煤灰样品	Al_2O_3 含量	SiO_2 含量	CaO 含量	MgO 含量	Fe_2O_3 含量	Na_2O 含量	SO_3 含量
样品 1	28.87	39.85	8.15	0.41	1.67	0.17	3.27
样品 2	27.21	38.78	8.46	0.52	1.62	0.18	3.66
样品 3	29.32	39.46	8.71	0.37	1.65	0.16	3.48

粉煤灰的矿物组成受到原煤矿物组成和燃烧条件的影响。原煤中页岩、高岭土占比在 50% 以上，页岩和高岭土中主要是铝酸盐、硅酸盐和氧化硅。其余的矿物组分为少量的碳酸盐、铁矿石、硫酸盐以及夹生的矿物。原煤在燃烧过程中会发生一系列物理化学反应，在冷却后会形成各种结晶相和玻璃体矿物，矿物成分有石英、云母、长石、磁铁矿、氧化镁、赤铁矿、石灰、石膏、硫化物和氧化钛等。粉煤灰中玻璃相以剥离玻璃微珠和海绵状玻璃体为主，还会存在少量的炭粒。在粉煤灰冷却过程中会形成微小针状的莫来石晶体，但莫来石不会单独存在，而是会附着在玻璃微珠的表面，或者附着在微珠的玻璃体中，形成网状骨架。粉煤灰中结晶相矿物在常温下是惰性的，玻璃相具有化学活性。粉煤灰的火山灰活性取决于玻璃体和结晶体的比例，玻璃体越多，化学活性越高。从矿物的比例来看，粉煤灰中结晶相一般占 30%～60%，玻璃相占 40%～70%。

采用捷克 TESCAN 公司生产的 GAIA3 型双束场发射扫描电镜对乌海某燃煤电厂粉煤灰进行扫描测试。取少量烘干的粉煤灰样品，粘于导电胶上喷金，进行扫描电镜分析，结果如图 4-1 所示，并对粉煤灰进行 EDS 分析，结果如图 4-2 所示。

该电厂粉煤灰呈浅灰色粉体状，从图 4-1 和图 4-2 中可以看出，粉煤灰是由 Al、Si、C、O 等多种元素组成的不同结构和形貌的微粒集合体。粉煤灰主要由大量形状不规则的多孔颗粒，以及少许球形颗粒组成。此外，粉煤灰中含有大量的玻璃碎屑和渣粒，这些非晶态物质主要是残留煤中的矿物经过高温相转变而形成的。

4.1.2　脱硫石膏的理化性质

燃煤电厂在发电过程中排放大量的二氧化硫，为了消除二氧化硫对环境的污染，需要进行脱硫处理。目前电厂主要采用石灰石脱硫，石灰石浆液和 SO_2 反应生成 $CaSO_3$，$CaSO_3$ 氧化结晶生成 $CaSO_4 \cdot 2H_2O$。脱硫石膏产量大，已经成为我国第二大工业固体废弃物。据统计，到 2019 年，电厂的脱硫石膏排放量达到 8 500 万 t 以上，脱硫石膏大部分排放用于填埋沟壑或者直接排入尾矿库，占用大量的土地，随着雨水的渗透，有害元素渗入地下水。脱硫石膏的利用率相对较低。石膏是五大胶凝材料之一，广泛应用在建材、化学工业、食品加工等领域。烟气脱硫石膏与天然石膏的化学性能基本相同，具有防火、保温、质轻等特点；不同的是脱硫石膏颗粒比较小、比较细、粒度分布范围小，能够有效参与水化反应的颗粒数量要

(a) (b)

图 4-1 粉煤灰扫描电镜图

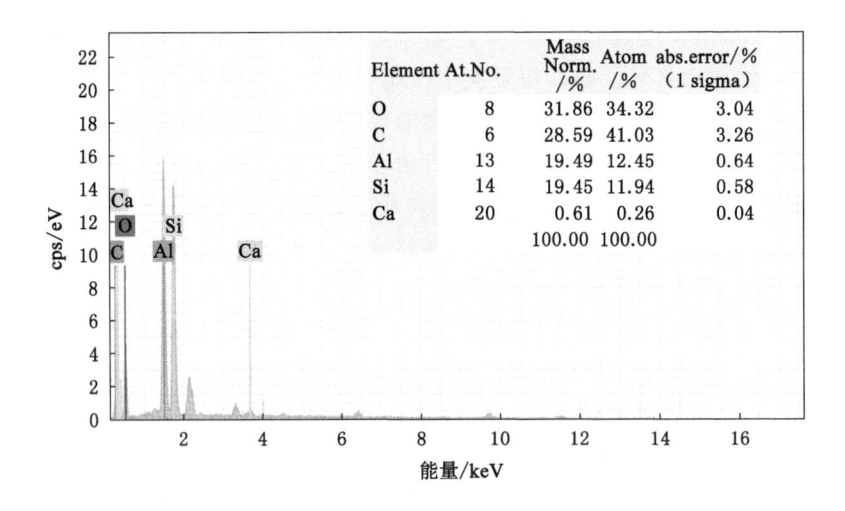

图 4-2 粉煤灰 EDS 分析结果

比天然石膏多,故其强度要高于天然石膏。因此,研究脱硫石膏的物理化学性质,利用其凝胶性能开辟新的利用途径,可提高脱硫石膏的利用率,消纳大量的脱硫石膏,减轻环境压力。

脱硫石膏以二水硫酸钙为主,还有少量的半水硫酸钙和碳酸钙。本次试验所使用的脱硫石膏取自乌海某热电厂,其化学成分如表 4-3 所示。

表 4-3 脱硫石膏的主要化学成分

成分	$CaSO_4 \cdot 2H_2O$	$CaSO_4 \cdot 0.5H_2O$	$CaCO_3$	水分	其他杂质
含量/%	76.24	6.23	3.66	10.32	3.55

4.1.3 电石泥的理化性质

电石泥是PVC厂生产乙炔过程中电石水解后产生的废渣,根据生产经验,每生产1 t PVC产品需要耗用电石1.5~1.6 t,耗用1 t 电石将产生1.2 t 干基电石泥,因此每生产1 t PVC产品,排出的电石泥大约2 t。正常生产过程中,电石泥以含水浆液的形式排出,含水率约90%。大部分PVC厂家把电石泥浆液经重力沉降分离后,取上清液再次循环利用。电石泥再进一步脱水,当含水率降低至40%~50%时外排至尾矿库,此时的电石泥呈糨糊状,在运输过程中容易渗漏污染路面。电石泥的堆积占用了大量的土地,污染了土壤,使土壤呈碱性;电石泥中的水渗入地下,还会破坏地下水。近年来,烘干后的电石泥用作电厂脱硫剂,代替了石灰石。

电石泥的主要成分是氢氧化钙,氢氧化钙含量在70%以上。因此,充分利用电石泥中的氢氧化钙,可以拓展其利用途径。本次试验使用的电石泥取自乌海某PVC生产厂,其主要化学成分见表4-4。

表4-4 电石泥的主要化学成分

成分	Ca(OH)$_2$	CaCO$_3$	Al$_2$O$_3$	Fe$_2$O$_3$	MgO	SiO$_2$	CaSO$_4$·2H$_2$O	酸不溶物
含量/%	76.03	16.82	1.75	0.16	0.15	2.20	0.34	2.55

4.1.4 水泥的理化性质

试验用的水泥为棋盘井某水泥厂生产的普通硅酸盐水泥,其主要化学成分见表4-5,主要性能指标见表4-6。

表4-5 普通硅酸盐水泥的主要化学成分

成分	Al$_2$O$_3$	SiO$_2$	CaO	MgO	SO$_3$	Fe$_2$O$_3$
含量/%	5.21	23.45	63.23	1.07	2.29	4.75

表4-6 普通硅酸盐水泥的性能指标

比表面积/(m^2/kg)	烧失量/%	凝结时间/min		抗压强度/MPa		抗折强度/MPa	
		初凝	终凝	3 d	28 d	3 d	28 d
376	3.62	260	324	25.6	42.6	5.7	8.6

4.2 喷浆材料性能测定方法

(1) 浆液流动性

煤基复合胶凝材料的浆液和水泥胶砂状态相似,因此浆液的流动性测定方法可以参照水泥胶砂的流动性测试方法。按《水泥胶砂流动度测定方法》(GB/T 2419—2005)的要求,浆液的流动度使用水泥胶砂流动度测定仪进行测定。流动度以水泥胶砂在流动桌上扩展的平均直径表示,平均直径越大,水泥胶砂的流动度越大,流动性越好。

(2) 浆液析水率

析水率是指浆液固结后析出水的体积与原浆液体积之比。浆液的析水率反映了浆液的稳定性,是浆液的重要性能指标,一般生产应用要求浆液有较小的析水率。析水率越低则浆液稳定性越好,规定 6 h 析水率小于 5% 的浆液为稳定浆液,以 6 h 析水率作为评价浆液稳定性的指标。浆液析水率的测试方法如下:取一个 500 mL 量筒,倒入大约 400 mL 浆液,记录浆液体积为 V_1,放置 6 h 后,观察浆液上方析出情况,读出析出水的体积 V_2,析水率 α 即 V_2 和 V_1 之比。

(3) 固化体的抗压强度

喷浆材料固化体的抗压强度依照有关规范进行试验,采用无侧限单轴受压方式。试验中使用 70.7 mm×70.7 mm×70.7 mm 三联砂浆试模,试样脱模后放入水泥恒温恒湿标准养护箱中养护,测定龄期为 3 d、7 d 及 28 d 的抗压强度。每组试验中,分别测试 3 个试块的抗压强度,取平均值作为一个组的测试结果,精确至 0.01 MPa。测试中出现个别试块的抗压强度读数偏大或者偏小(±20%)的情况,应剔除掉。

(4) 固化体的化学结合水量

通常使用化学结合水量研究硅酸盐水泥的水化速度,硅酸盐水泥的水化产物为 C—S—H、C—A—H 凝胶,粉煤灰的主要化学成分为 Al_2O_3、SiO_2,水化产物也为 C—S—H 凝胶。因此,化学结合水量可以表征胶凝喷浆材料的水化程度。

本试验采用灼烧失重法测定化学结合水含量。具体操作如下:首先把样品磨细待处理,对待测样品终止水化反应,一般使用无水乙醇浸泡的方式终止水化反应;然后取终止水化后的粉末 3 g 放入恒重的坩埚中,将烘箱温度调至 105 ℃,烘至恒重,取出样品冷却至室温后称量,记为 m_{105};再把样品放入马弗炉,由室温升温至 950 ℃ 并保持 20 min,取出置于干燥器中冷却至室温后称量,记为 m_{950}。化学结合水量计算公式为:

$$w = \frac{m_{105} - m_{950}}{m_{105}} \times 100\% - (1 - \alpha - \beta) L_1 - (1 - \alpha) L_2 - \beta L_3 \quad (4-1)$$

式中　w——化学结合水量,%;

m_{105}——105 ℃ 烘干冷却至室温后的试样质量,g;

m_{950}——950 ℃ 烘干冷却至室温后的试样质量,g;

L_1——总胶凝材料中去除粉煤灰和水泥部分的烧失量,%;

L_2——粉煤灰的烧失量,%;

L_3——水泥的烧失量,%;

α——水泥在总胶凝材料用量中所占比例,%;

β——粉煤灰在总胶凝材料用量中所占比例,%。

(5) 水化产物的晶相

X 射线衍射试验可以检测水化作用对胶凝材料水化产物的晶体状态的影响和晶体结构变化等。XRD 测试前对待测样品真空烘干,预防水分对检测结果的干扰。把样品研磨成粉末状,称取 3 g,制成 10 mm×10 mm 薄片。测试条件为:X 光源自旋转阳极扫描,光源振动控制在 0.125 mm 以下,光斑从 0.04° 开始聚焦,聚焦范围为 0.25 mm×15 mm;Cu 管输出的最大电压为 45 kV,最大额定电流为 40 mA;扫描设备为 2θ 旋转测角仪,采用马达驱动,垂直放置测角仪,最高定位速度为 1 600 (°)/min;狭缝系统为索拉狭缝(15 mm)、发散狭缝(0.12 mm)、接收狭缝(7.5 mm)、防散射狭缝(0.2 mm);样品测量角度为 4°～70°。XRD 的试验结果通过 JADE 6.5 软件进行分析与处理。

(6) 水化产物的微观形貌

本试验采用捷克 TESCAN 公司生产的 GAIA3 型双束场发射扫描电镜,观察龄期为 3 d、7 d、28 d 水化产物的微观形貌。测试前需要对样品进行预处理,取 1 g 样品,压碎后(避免研磨破坏晶体结构),使用无水乙醇终止水化反应,无水乙醇也有分散样品的作用,用滴管取少量分散液体,滴在导电胶上,待酒精挥发,对附有样品的导电胶条使用离子溅射仪进行喷金处理。制样完成后,密封保存。

4.3 复合胶凝喷浆材料配比试验

基于煤基固废理化性质分析,研究胶凝喷浆材料的配比,以及浆液性能的影响因素,为下一步现场施工提供理论依据。

原材料中粉煤灰、脱硫石膏、电石泥来源广泛,价格低廉,甚至仅需要运输费用。为降低经济成本,提高固体废弃物的掺量,胶凝材料以粉煤灰和脱硫石膏为基础组分,电石泥和水泥为外加组分。

胶凝喷浆主要是利用粉煤灰的火山灰效应,通过添加脱硫石膏、电石泥和水泥激发粉煤灰的火山灰活性,经过一些初步探索的试验,粉煤灰的掺量设定在 50% 以上,电石泥的掺量为 10%、15%、20%,水泥的掺量为 5%、10%、15%。根据粉煤灰的需水量和脱硫石膏的含水率,设定水灰比为 0.55、0.65、0.75(考虑脱硫石膏的含水率为 10% 左右,试验过程中加水时,减去脱硫石膏中的水分)。试验采用单一变量法确定原材料的最佳配比,优先确定基础组分的含量,再依次确定电石泥含量和水泥含量。

4.3.1 粉煤灰和脱硫石膏比例的确定

设定电石泥的掺量为 15%、水泥的掺量为 10%、水灰比为 0.65,养护方式采用标准养护,对比粉煤灰和脱硫石膏比例为 50∶50、60∶40、70∶30、80∶20、90∶10 对浆液性能的影响,确定最佳的粉煤灰和脱硫石膏比例。表 4-7 和表 4-8 是粉煤灰和脱硫石膏比例对浆液性能影响的试验配比及结果。

表 4-7 粉煤灰和脱硫石膏比例对浆液性能影响的试验配比

编号	粉煤灰∶脱硫石膏	电石泥掺量/%	水泥掺量/%	水灰比	养护方式
1	50∶50	15	10	0.65	标准养护
2	60∶40	15	10	0.65	标准养护
3	70∶30	15	10	0.65	标准养护
4	80∶20	15	10	0.65	标准养护
5	90∶10	15	10	0.65	标准养护

表 4-8　粉煤灰和脱硫石膏比例对浆液性能影响的试验结果

编号	流动度/mm	析水率/%	抗压强度/MPa			化学结合水量/%		
			3 d	7 d	28 d	3 d	7 d	28 d
1	87	4.71	2.42	4.87	10.45	4.98	6.98	13.34
2	89	4.67	2.78	5.65	12.34	5.21	7.36	15.54
3	92	4.61	3.23	6.76	15.98	5.86	8.21	19.78
4	96	4.58	2.29	6.04	13.87	4.52	7.43	16.32
5	98	4.52	2.16	5.81	12.63	4.12	7.57	15.61

（1）粉煤灰和脱硫石膏比例对浆液流动性的影响

图 4-3 是粉煤灰和脱硫石膏的比例对浆液流动性的影响曲线。从表 4-8 和图 4-3 中可知，编号 1—5 组粉煤灰含量增加，由 50% 增加到 90%，脱硫石膏由 50% 减少到 10%，浆液的流动度不断增加，从 87 mm 增大到 98 mm，当粉煤灰含量增加到 70% 以上时，流动度保持在 90 mm 以上，即浆液具有良好的流动性，满足管道输送要求。

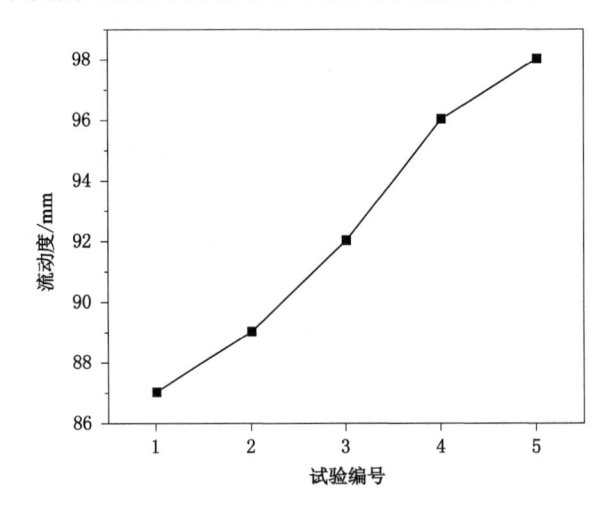

图 4-3　粉煤灰和脱硫石膏比例对浆液流动度的影响曲线

流动度增加的原因是粉煤灰颗粒呈球状，表面致密、光滑，因其形态和表面状态，颗粒在复合浆体中发挥滚珠轴承作用，粉煤灰含量增加、脱硫石膏含量减少时流动度增加说明粉煤灰在所研究的体系中对流动度的贡献要大于脱硫石膏，脱硫石膏掺量的增加在一定程度上减小了浆体稠度，流动度有降低趋势。

（2）粉煤灰和脱硫石膏比例对浆液析水率的影响

图 4-4 是粉煤灰和脱硫石膏的比例对浆液析水率的影响曲线。从表 4-8 和图 4-4 中可知，编号 1—5 组粉煤灰含量增加、脱硫石膏含量减少，6 h 后浆液析水率从 4.71% 下降至 4.52%，下降幅度不大，一般将 3 h 析水率小于 5% 的浆液称为稳定浆液，6 h 后各组的析水率均在 5% 以下。

（3）粉煤灰和脱硫石膏比例对固化体抗压强度的影响

图 4-5 是粉煤灰和脱硫石膏比例对胶凝材料固化体抗压强度的影响曲线。观察图 4-3

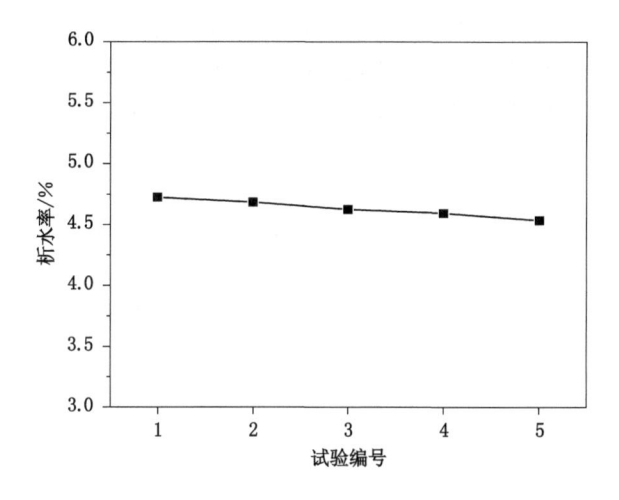

图 4-4 粉煤灰和脱硫石膏比例对浆液析水率的影响曲线

可知,随着龄期的延长,抗压强度不断增加;编号 1—5 组,抗压强度先增大后减小,不同龄期时第 3 组抗压强度均是最高的。龄期 3 d 时抗压强度曲线变化不明显,7 d 时抗压强度曲线变化程度加大,28 d 时抗压强度曲线转折非常明显。

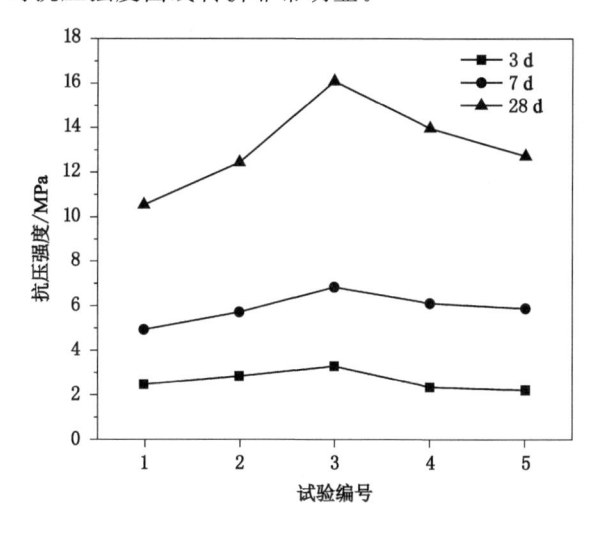

图 4-5 粉煤灰和脱硫石膏比例对固化体抗压强度的影响曲线

粉煤灰和脱硫石膏比例由 50∶50 变化至 70∶30 时,抗压强度达到最大,从 70∶30 变化至 90∶10 时,抗压强度逐渐降低,这说明随着粉煤灰含量的增加,脱硫石膏在初期起物理填充的作用,对强度影响不大,随着龄期的延长,脱硫石膏激发粉煤灰活性,提高了体系的强度。

(4) 粉煤灰和脱硫石膏比例对固化体化学结合水量的影响

图 4-6 是粉煤灰和脱硫石膏比例对胶凝材料固化体化学结合水量的影响曲线。从图 4-6 中可知,在龄期为 3 d 和 7 d 时,粉煤灰和脱硫石膏的比例对固化体化学结合水量影响较小,试验编号 3 组的化学结合水量较大,尤其在龄期 28 d 时较为明显。这说明基础粉煤灰-脱硫石膏反应速率慢,初期水化产物少,二者的比例对水化程度影响不大;28 d 时粉煤

灰的火山灰效应充分激发,粉煤灰含量越多反应生成的水化产物越多;脱硫石膏在后期起到对粉煤灰的激发作用,粉煤灰的含量较大时,脱硫石膏的占比减少,对粉煤灰的激发作用也相应减弱,无法充分发挥粉煤灰的火山灰活性,水化程度减小,因此试验编号4、5组的化学结合水量逐渐下降。

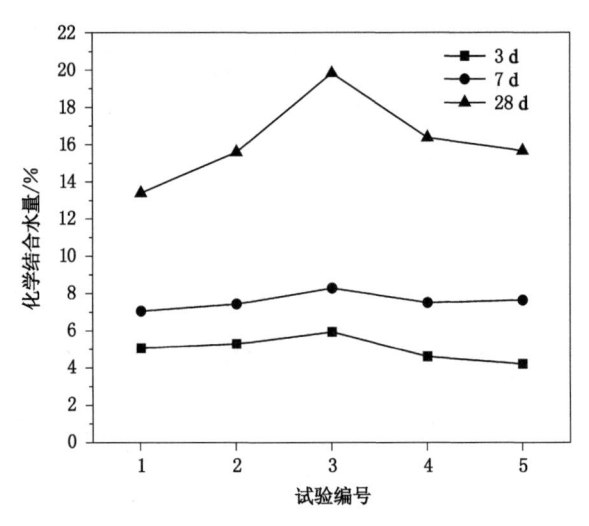

图 4-6　粉煤灰和脱硫石膏比例对固化体化学结合水量的影响曲线

4.3.2　电石泥掺量的确定

综合考虑浆液流动性、析水率,以及固化体的抗压强度和化学结合水量,在4.3.1节确定了粉煤灰和脱硫石膏的比例为70∶30为最佳配比。在此基础上,本节设定水泥的掺量为10%,水灰比为0.65,养护方式采用标准养护,探索电石泥的掺量10%、15%、20%对浆液性能的影响,确定最优的电石泥掺量。表4-9和表4-10是电石泥掺量对浆液性能影响的试验配比及结果。

表 4-9　电石泥掺量对浆液性能影响的试验配比

编号	粉煤灰∶脱硫石膏	电石泥掺量/%	水泥掺量/%	水灰比	养护方式
6	70∶30	10	10	0.65	标准养护
7	70∶30	15	10	0.65	标准养护
8	70∶30	20	10	0.65	标准养护

表 4-10　电石泥掺量对浆液性能影响的试验结果

编号	流动度/mm	析水率/%	抗压强度/MPa 3 d	抗压强度/MPa 7 d	抗压强度/MPa 28 d	化学结合水量/% 3 d	化学结合水量/% 7 d	化学结合水量/% 28 d
6	83	4.54	3.18	5.43	12.53	6.42	7.64	15.88
7	92	4.71	3.23	6.76	15.98	6.86	8.21	19.78
8	103	4.85	3.24	7.01	17.65	6.93	8.71	22.62

(1) 电石泥掺量对浆液流动性的影响

图 4-7 是外加组电石泥掺量对浆液流动性的影响曲线。观察图 4-7 可以得出,随着电石泥掺量的增加,浆液的流动度增加,增加幅度在 10% 左右。电石泥掺量为 20% 时浆液流动度最大,为 103 mm,有利于管道的输送。

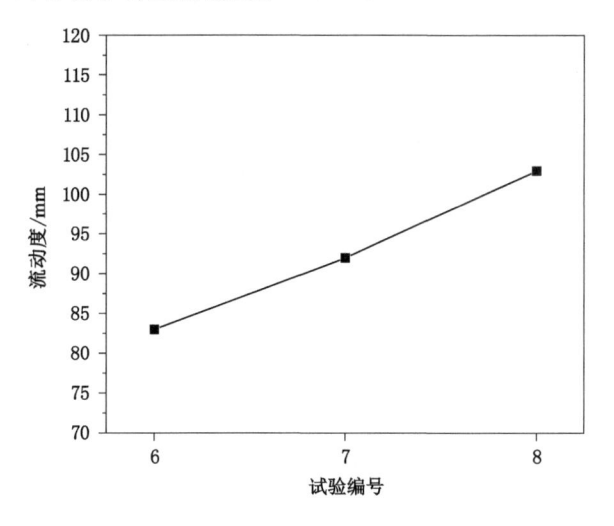

图 4-7 电石泥掺量对浆液流动度的影响曲线

(2) 电石泥掺量对浆液析水率的影响

电石泥掺量对浆液析水率的影响如图 4-8 所示。从图 4-8 中可知,随着电石泥掺量的增加,浆液的析水率逐渐增大,但是增长幅度不大,总体仍然在 5% 以下,不影响浆液的稳定性。电石泥的掺入增加了浆液流动性,其中的 OH^- 易与体系的粉煤灰中的氧化铝和二氧化硅生成凝胶,同时还会产生一定的电泳现象,使体系产生一定沉淀,析水率增大。

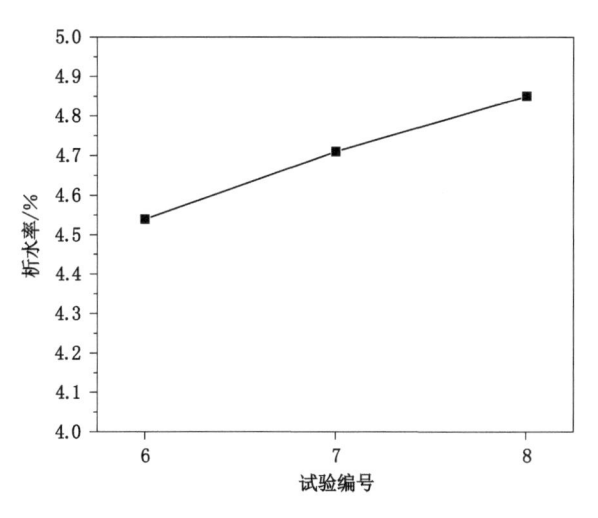

图 4-8 电石泥掺量对浆液析水率的影响曲线

(3) 电石泥掺量对固化体抗压强度的影响

图 4-9 是电石泥掺量对凝胶材料固化体抗压强度的影响曲线。从图 4-9 中可知,电石

泥的作用在龄期为 3 d 时不大,7 d 时慢慢表现出来,28 d 时较为明显。这说明胶凝材料体系的抗压强度呈缓慢增长的变化趋势,电石泥含量的增加有利于体系的抗压强度逐渐增大。其原因是胶凝体系中加入电石泥,改善了体系的内部结构。$Ca(OH)_2$ 能迅速提高胶凝体系的碱度,为粉煤灰的激发提供较强的碱性环境。水化产生的 $Ca(OH)_2$ 扩散到粉煤灰玻璃体周围,能够使粉煤灰玻璃体被有效地破坏,释放出内部有活性的 Al_2O_3 和 SiO_2,Ca^{2+} 在碱性环境下与 Al—O 和 Si—O 键结合,生成水化硅酸钙、水化铝酸钙凝胶,是固化体强度的主要来源。

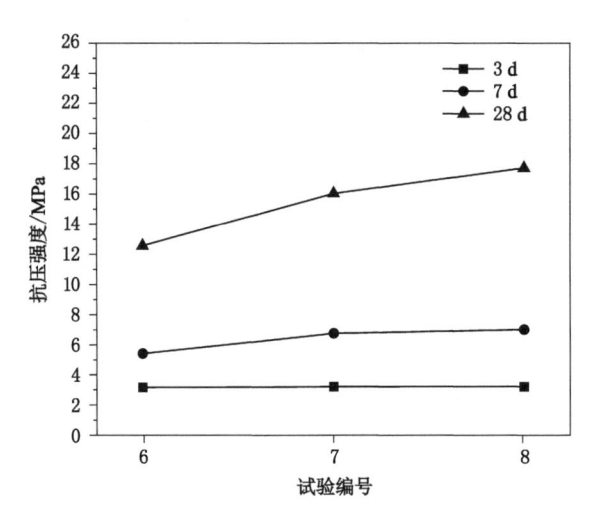

图 4-9　电石泥掺量对固化体抗压强度的影响曲线

（4）电石泥掺量对固化体化学结合水量的影响

图 4-10 是电石泥掺量对固化体化学结合水量的影响曲线。从图 4-10 中可以看出,随着电石泥含量的增加,固化体化学结合水量在龄期 3 d、7 d 时增长幅度较小,而且整体含量较低,在龄期 28 d 时增加明显。这说明在水化初期,粉煤灰的 Al—O、Si—O 键在碱性环境

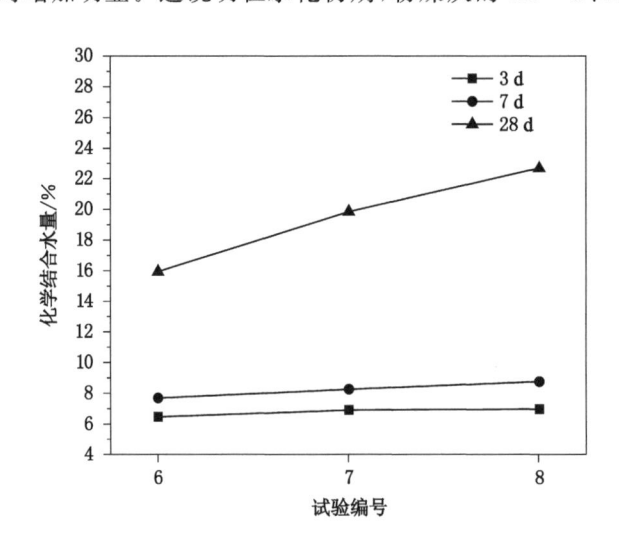

图 4-10　电石泥掺量对固化体化学结合水量的影响曲线

下被侵蚀,速度缓慢,胶凝材料体系水化程度低,化学结合水量少,电石泥的作用还没有表现出来;龄期 28 d 时,电石泥含量大的试验小组对粉煤灰的激发效果好,水化程度大,水化产物多,化学结合水量大。

4.3.3 水泥掺量的确定

在 4.3.1 节确定了粉煤灰和脱硫石膏的最佳比例为 70∶30,4.3.2 节确定了电石泥的最佳掺量为 20%,在此基础上,本节设定水灰比为 0.65,养护方式采用标准养护,研究水泥的掺量 5%、10%、15%对浆液性能的影响,确定水泥的最优掺量。表 4-11 和表 4-12 是水泥掺量对浆液性能影响的试验配比及结果。

表 4-11　水泥掺量对浆液性能影响的试验配比

编号	粉煤灰∶脱硫石膏	电石泥掺量/%	水泥掺量/%	水灰比	养护方式
9	70∶30	20	5	0.65	标准养护
10	70∶30	20	10	0.65	标准养护
11	70∶30	20	15	0.65	标准养护

表 4-12　水泥掺量对浆液性能影响的试验结果

编号	流动度/mm	析水率/%	抗压强度/MPa 3 d	7 d	28 d	化学结合水量/% 3 d	7 d	28 d
9	107	5.34	2.56	5.01	11.21	5.76	7.01	14.78
10	103	4.85	3.24	7.01	17.65	6.93	8.71	22.62
11	95	4.02	4.67	7.78	18.24	7.01	8.97	23.47

(1) 水泥掺量对浆液流动性的影响

图 4-11 是水泥掺量对浆液流动性的影响曲线,从图中可知,随着水泥含量增加,浆液流动度减小。其原因是水泥含量的增加,使浆液的需水量增加,体系中的自由水相对减少,浆液流动性降低。

(2) 水泥掺量对浆液析水率的影响

图 4-12 是水泥掺量对浆液析水率的影响曲线,从图中可知,随着水泥含量增加,浆液析水率减小。其原因是水泥水化速率快,将粉煤灰和脱硫石膏凝固在一起,增加了体系的稳定性。

(3) 水泥掺量对固化体抗压强度的影响

图 4-13 是水泥掺量对胶凝材料固化体抗压强度的影响曲线。由图 4-13 可知,水泥掺量从 5%增加至 10%,有效提高了各龄期时固化体的抗压强度,尤其早期强度(龄期 3 d 时)增加比较明显。水泥掺量从 10%增加到 15%时,抗压强度增加幅度较小,在龄期 28 d 时,水泥掺量为 10%时固化体抗压强度为 17.65 MPa,满足现场施工要求。

(4) 水泥掺量对固化体化学结合水量的影响

化学结合水量可以反映浆体水化产物的数量,化学结合水量越多,则水化产物越多。本试验探索普通硅酸盐水泥掺量为 5%、10%、15%时胶凝材料在龄期 3 d、7 d、28 d 时浆体化

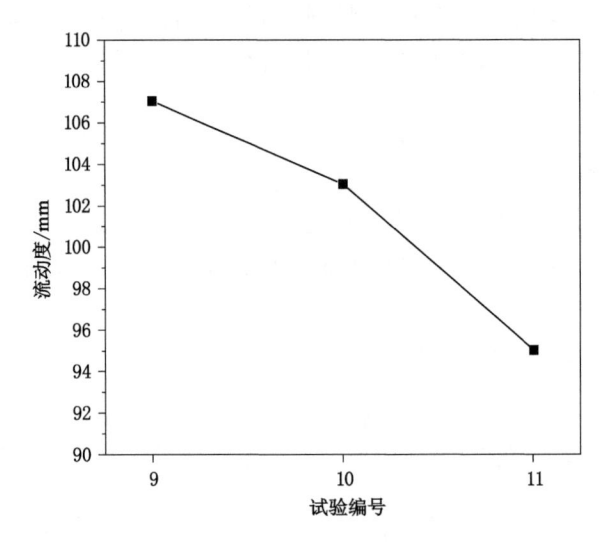

图 4-11 水泥掺量对浆液流动度的影响曲线

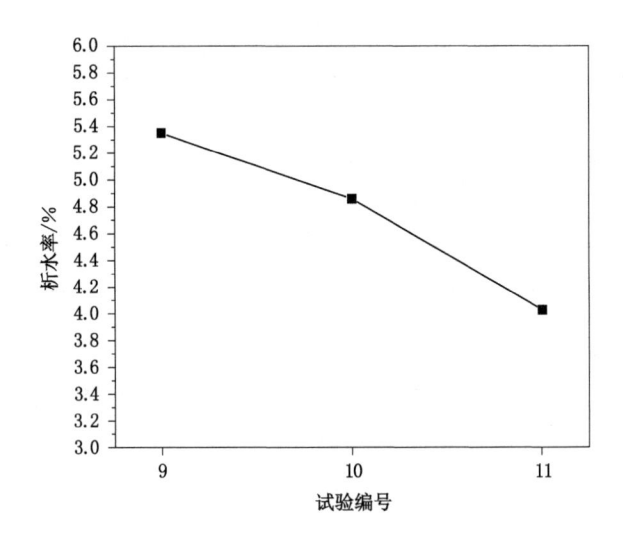

图 4-12 水泥掺量对浆液析水率的影响曲线

学结合水量,试验结果如图 4-14 所示。从图 4-14 中可以看出,试样浆体化学结合水量均随龄期延长而增大,龄期从 3 d 到 7 d 时,化学结合水量增长明显,28 d 龄期时,化学结合水量增长不明显。

这说明使用普通硅酸盐水泥和粉煤灰时水化产物早期水化反应较为缓慢,随着龄期的延长,水泥水化生成更多的 $Ca(OH)_2$,为体系中粉煤灰-脱硫石膏活性激发创造了更好的碱性条件,生成了更多水化产物。但在发展至 28 d 时,水泥掺量 10%、15% 时为胶凝体系提供了更多的 C_2S、C_3S,化学结合水量增加,试验组化学结合水量增长较快;可以预计,随着龄期继续延长,C_2S 水化加速,两组试验化学结合水量将会接近且缓慢增长。

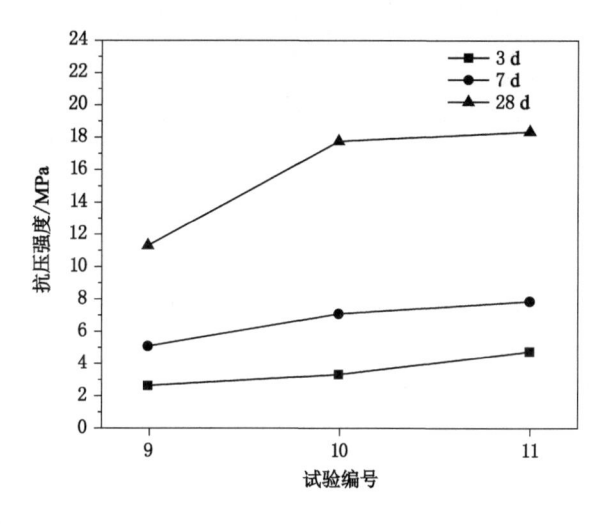

图 4-13 水泥掺量对固化体抗压强度的影响曲线

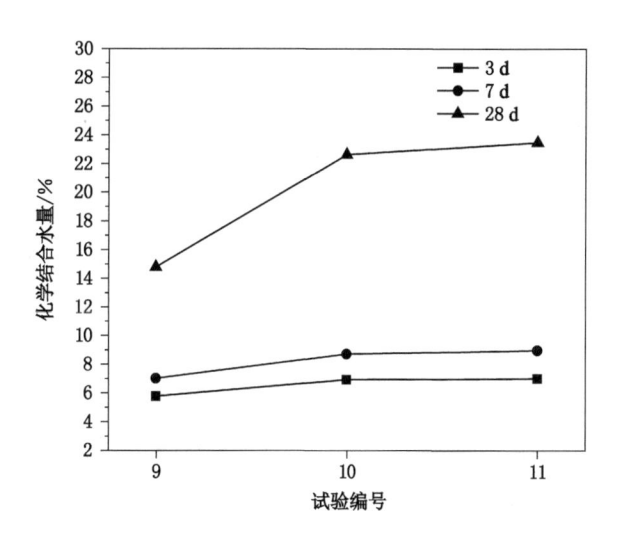

图 4-14 水泥掺量对固化体化学结合水量的影响曲线

4.3.4 水灰比的确定

在上述试验中分别确定了粉煤灰和脱硫石膏的最佳比例为 70∶30,电石泥的最佳掺量为 20%,水泥的最佳掺量为 10%,所制备的胶凝材料具有较高的抗压强度。水灰比对浆液的流动性和析水率影响比较大,直接决定浆液是否可以进行管道输送,本节主要探究在标准养护条件下水灰比为 0.55、0.65、0.75 时对浆液流动性和析水率的影响,从而确定最佳的水灰比。表 4-13 是水灰比对浆液性能影响的试验配比及结果。

表 4-13 水灰比对浆液性能影响的试验配比及结果

编号	粉煤灰∶脱硫石膏	电石泥掺量/%	水泥掺量/%	水灰比	养护方式	流动度/mm	析水率/%
12	70∶30	20	10	0.55	标准养护	70	4.01
13	70∶30	20	10	0.65	标准养护	103	4.85
14	70∶30	20	10	0.75	标准养护	120	6.43

（1）水灰比对浆液流动性的影响

图 4-15 是水灰比对浆液流动性的影响曲线，观察发现，水灰比从 0.55 增加至 0.75，浆液流动性持续增加，增加的幅度比较大，水灰比为 0.55 时浆液流动度为 70 mm，不利于管道输送，水灰比为 0.75 时浆液流动性比较好，但是影响析水率。因此确定最佳水灰比为 0.65。

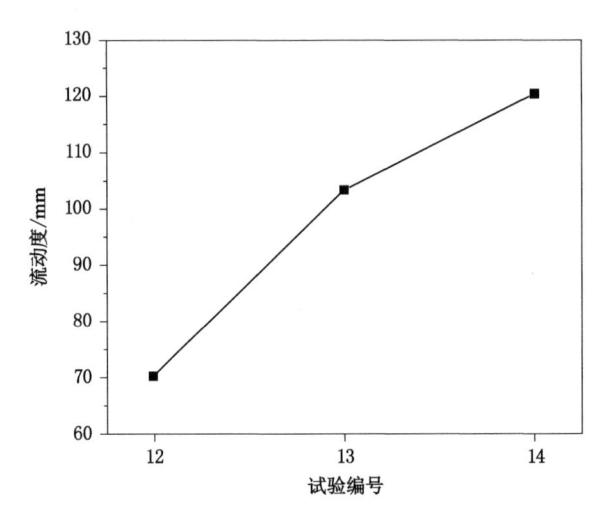

图 4-15 水灰比对浆液流动度的影响曲线

（2）水灰比对浆液析水率的影响

图 4-16 为水灰比对浆液析水率的影响曲线。观察图 4-16 可知，随着水灰比的增加，浆液析水率不断增加。水灰比为 0.55 和 0.65 时，浆液析水率均小于 5%，浆液稳定性良好；水灰比为 0.75 时，浆液析水率为 6.43%，浆液稳定性较差。

4.3.5 养护方式对胶凝材料性能的影响

前面研究确定了原材料粉煤灰、脱硫石膏、电石泥、水泥的最佳配比，以及最佳水灰比为 0.65，采用的养护方式均为标准养护。实验室的标准养护条件为，试体成型实验室的温度应保持在 20 ℃±2 ℃，相对湿度应不低于 50%，试体带模养护的养护箱温度保持在 20 ℃±2 ℃，相对湿度不低于 90%。

在矸石山现场环境复杂，尤其在夏季施工时，天气炎热干燥，水分容易挥发，不利于水化反应，有的矸石山坡角大、坡面长，不易养护。在现场可行的养护方式有定期洒水、覆膜养护。覆膜养护方式为采用工程塑料膜覆盖在胶凝材料表面。洒水养护中洒水时间设定为龄期 3 d、5 d、7 d、10 d、15 d、20 d、25 d 时在试块表面洒水。自然养护方式为室温下不做处

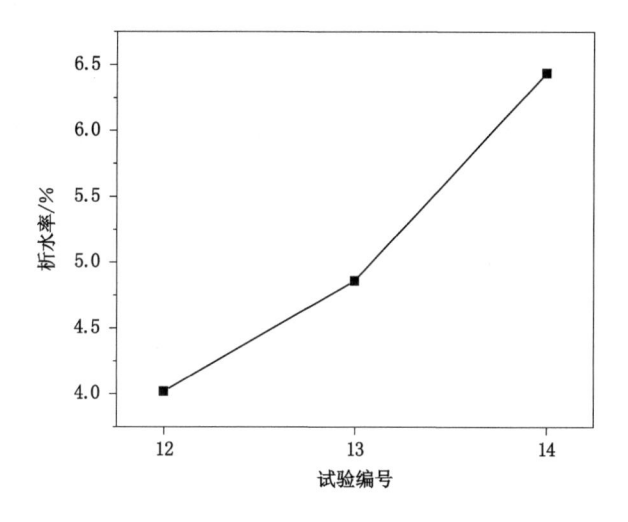

图 4-16 水灰比对浆液析水率的影响曲线

理,试块在自然条件下养护。本节主要探究不同养护方式对固化体的抗压强度和化学结合水量的影响,确定符合现场施工要求的养护方式。表 4-14 和表 4-15 为不同养护方式对固化体性能影响的试验配比及结果。

表 4-14 不同养护方式对固化体性能影响的试验配比

编号	粉煤灰:脱硫石膏	电石泥掺量/%	水泥掺量/%	水灰比	养护方式
15	70:30	20	10	0.65	自然养护
16	70:30	20	10	0.65	洒水养护
17	70:30	20	10	0.65	覆膜养护
18	70:30	20	10	0.65	标准养护

表 4-15 不同养护方式对固化体性能影响的试验结果

编号	抗压强度/MPa			化学结合水量/%		
	3 d	7 d	28 d	3 d	7 d	28 d
15	2.04	4.56	10.23	5.01	6.15	13.64
16	2.35	6.43	15.45	5.63	8.02	18.54
17	2.85	6.78	16.87	6.13	8.43	20.46
18	3.28	7.01	17.65	6.93	8.71	22.62

(1) 养护方式对抗压强度的影响

图 4-17 是不同养护方式对胶凝材料抗压强度的影响曲线。从图 4-17 中可知,在龄期 3 d 时,自然养护、洒水养护、覆膜养护和标准养护下的固化体抗压强度逐渐增大,增长幅度不大。在养护初期,试块中的水分较多,水化反应缓慢,水化反应需要的水分可以得到满足。

龄期为 7 d 时,自然养护的试块抗压强度最低,洒水养护、覆膜养护和标准养护下的试块抗压强度逐渐增加,但是增加幅度不大。龄期为 28 d 时,四种养护方式下的试块抗压强

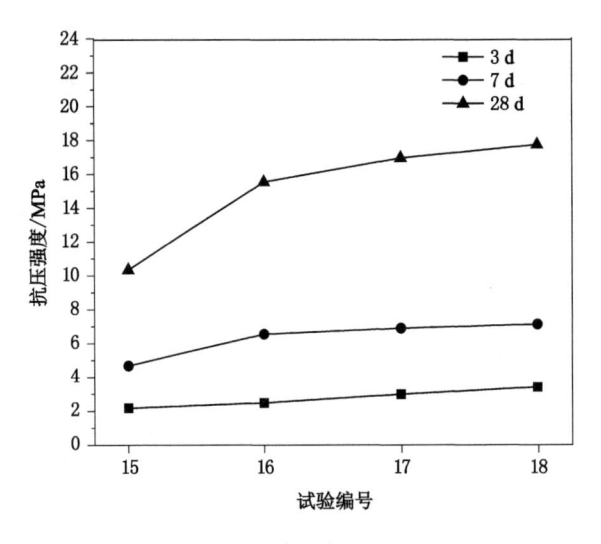

图 4-17　不同养护方式对固化体抗压强度的影响曲线

度差距增大,自然养护的编号 15 组,其 28 d 抗压强度为 10.23 MPa,编号 16—18 组抗压强度呈上升趋势且均在 15 MPa 以上;覆膜养护和标准养护下的试块抗压强度相差不大,这是因为工程塑料膜包裹试块,试块的水分不易挥发,试块的水化反应持续进行。

洒水养护通过定期补水,增加水化反应需要的水分,试块抗压强度虽然没有覆膜和标准养护条件下的高,但是 28 d 抗压强度也可以达到 15.45 MPa,满足现场的使用要求。因此,在现场施工过程中,对于坡度缓和便于操作的矸石山进行覆膜养护,对于坡度较大、坡面较长的矸石山可以采用定期洒水的方式进行养护。

(2) 养护方式对化学结合水量的影响

图 4-18 是不同养护方式对胶凝材料固化体化学结合水量的影响曲线。由图 4-18 可知,在龄期为 3 d 时,不同养护方式的化学结合水量相差不大,说明初期不同养护方式对水化反应影响不大。在龄期为 7 d 时,试验编号 15—18 组的化学结合水量呈现增加的趋势。

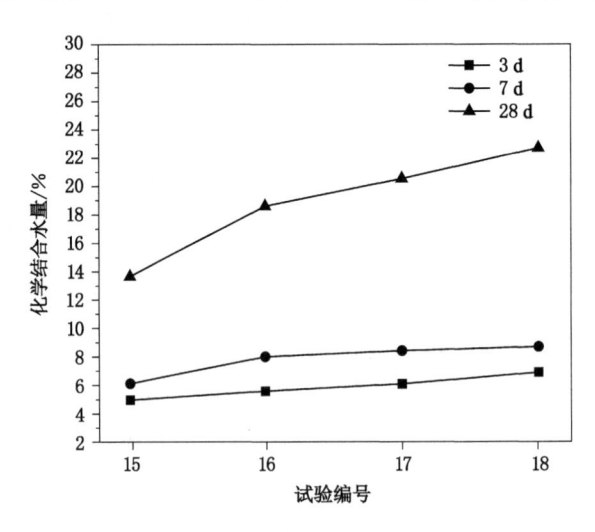

图 4-18　不同养护方式对固化体化学结合水量的影响曲线

采用自然养护的15组水分流失比较多,且无法得到补充,水化反应缓慢,水化程度低,因此化学结合水量最小。编号16—18组的化学结合水量相仿,说明这个时期,水化反应程度相差不大。在龄期为28 d时,编号15组的化学结合水量依旧是最低的,编号16—18组的化学结合水量呈增加的趋势,标准养护水化程度最大,其次为覆膜养护和洒水养护。

15—18组的化学结合水量的变化趋势和抗压强度的变化趋势相似,进一步验证了覆膜和洒水养护方式可以使试块的水分得到补充,补救强度损失。

4.3.6 小结

① 粉煤灰和脱硫石膏的比例对析水率影响不大,粉煤灰占比增大有利于浆液的流动,二者初期起到物理填充作用,后期脱硫石膏的掺入对粉煤灰火山灰活性有促进作用。

② 电石泥的掺量对浆液流动性和析水率有影响,电石泥掺量的增加有利于激发粉煤灰的活性,提高28 d抗压强度。

③ 水泥的掺量对抗压强度和化学结合水量影响明显,水泥掺量的增加使得前期抗压强度和化学结合水量有明显提升,水泥掺量10%即可满足现场需求。

④ 水灰比对浆液流动性和析水率影响大,水灰比过大则浆液稳定性下降,水灰比为0.65时浆液稳定性最好。

⑤ 自然养护不利于胶凝材料水化反应,需要改进养护措施,标准养护效果＞覆膜养护效果＞洒水养护效果。洒水养护和覆膜养护的7 d和28 d抗压强度不如标准养护时的情况。

⑥ 综合分析,得出最佳配比为基础组粉煤灰和脱硫石膏的比例为70∶30,外加组电石泥的掺量为20%、水泥的掺量为10%,水灰比为0.65,养护方式适宜采用覆膜养护和定期洒水养护。

5 复合胶凝喷浆材料的微观特征及水化机理

第4章研究了复合胶凝材料的最佳配比,并且从宏观上分析了浆液性能的影响因素,在此基础上,本章利用 XRD 和 SEM 技术手段,从微观上分析胶凝材料的水化过程和反应机理。

5.1 复合胶凝喷浆材料的 XRD 分析

Guo、Langan 等研究了粉煤灰的水化特性,研究表明粉煤灰提高了水泥早期水化速率,降低了诱导期和加速期的水化速率,继而又加速了后期水化。粉煤灰水化反应复杂,水化产物为无定形的铝硅酸盐凝胶、C—S—H 凝胶和沸石相。钙含量对最终胶凝产物的抗压强度有积极影响,会促使胶凝产物形成无定形的 Ca—Al—Si 凝胶。选取第4章中试验得出的最佳小组进行水化分析,图 5-1 为粉煤灰基复合胶凝材料在龄期 3 d、7 d、28 d 时的 XRD 谱图。

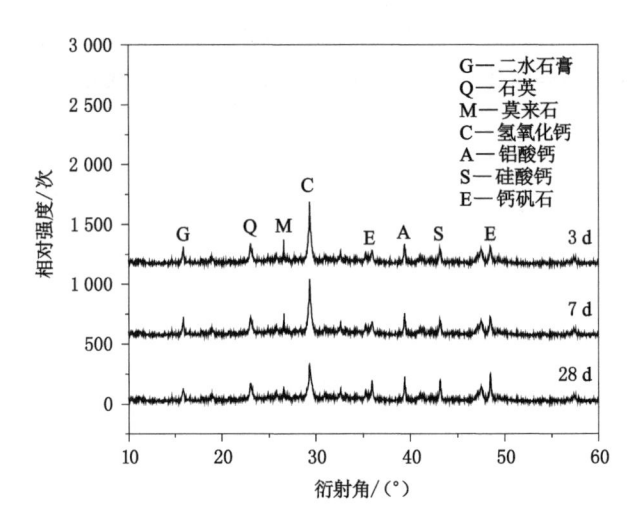

图 5-1 胶凝材料水化产物 XRD 谱图

从图 5-1 中可知,养护龄期为 3 d 时,水化反应初步进行,胶凝材料中的 $Ca(OH)_2$、莫来石相、石英晶体的衍射峰比较明显,出现少量的钙矾石、硅酸钙、铝酸钙衍射峰,钙矾石对喷浆材料早期强度起主要作用。$Ca(OH)_2$ 衍射峰在各龄期都比较明显,随着龄期延长至 7 d,$Ca(OH)_2$ 参与水化反应被消耗,衍射峰下降。莫来石和石英峰值也有所降低,这是由于粉煤灰中的 Al_2O_3、SiO_2 与水泥水化产物 $Ca(OH)_2$ 反应生成 C—A—H 凝胶和 C—S—H 凝胶。龄期增加至 28 d 时,$Ca(OH)_2$ 的衍射峰持续降低,粉煤灰的火山灰效应不断被激发,水化反应消耗了大量的 Ca(OH)$_2$,生成更多的 C—A—H 凝胶和 C—S—H 凝胶,提升了喷浆材料的抗压强度。随着龄期延长,二水石膏衍射峰开始下降,7 d 时下降不明显,28 d 时下降比较明显,后期粉煤灰活性被脱硫石膏二次激发,消耗大量的脱硫石膏。28 d 龄期时,硅酸钙峰和钙矾石峰增加明显,一部分铝酸钙和石膏反应生成钙矾石晶体,消耗了铝酸钙、Ca(OH)$_2$,水化产物增多,钙矾石晶体含量增加。水化产物和 Guo、Langan 等研究的水化产物相似,以 C—S—H 凝胶、钙矾石为主,为粉煤灰复合胶凝材料提供强度。

5.2 复合胶凝喷浆材料的 SEM 分析

Taylor 和 Sakai 研究了粉煤灰-水泥基复合胶凝材料的水化过程,粉煤灰颗粒被侵蚀,有助于 Ca(OH)$_2$ 结晶的活化和 C—S—H 凝胶的形成,加速了水泥中 C$_3$S 的水化,同时粉煤灰吸附 Ca^{2+} 形成钙矾石晶体。

胶凝材料水化产物扫描电镜图如图 5-2 所示。由图 5-2(a)观察发现,喷浆材料在 3 d 龄期时表面有侵蚀痕迹,此时粉煤灰的玻璃体结构被破坏,粉煤灰表面的 Si—O 键和 Al—O 键逐步断裂,周围出现白色絮状物,说明粉煤灰活性物质此时已经开始反应,Ca(OH)$_2$ 和粉煤灰中的 SiO$_2$ 反应生成 C—S—H 凝胶(水化硅酸钙),Ca(OH)$_2$ 和粉煤灰中的 Al$_2$O$_3$ 反应生成 C—A—H 凝胶(水化铝酸钙)。这个过程和 Taylor 等的观点一致。周围局部出现相互交错的针状物质,是 Al$_2$O$_3$ 与 SO$_4^{2-}$、Ca(OH)$_2$ 反应生成的钙矾石 Aft(水化硫铝酸钙),对胶凝材料早期强度发展有重要作用。

随着水化进程发展,在 Ca(OH)$_2$ 和脱硫石膏的双重激发效应下,由图 5-2(b)观察得出,7 d 龄期时,胶凝材料表面的侵蚀痕迹越来越多,体系中白色絮状物增加,水化产物也有所增加,粉煤灰颗粒表面逐渐形成一个连续的网状结构,粉煤灰玻璃体中的氧化铝和二氧化硅开始不断被溶出,参与水化反应,颗粒表面许多单个的侵蚀点连接成一片,胶凝材料表面出现更多的颗粒状水化产物。针状的钙矾石晶体生长得更长,更加致密,相互交错。在电石泥和水泥水化产生的碱性条件下,粉煤灰的玻璃体结构逐渐解体,在脱硫石膏的作用下,粉煤灰的火山灰活性被不断激发,水化反应不断增多。

水化 28 d 时,由图 5-2(c)观察可得,粉煤灰玻璃体结构基本被侵蚀,表面已全被水化产物覆盖,粉煤灰形貌特征变得模糊,胶凝材料中钙矾石针状晶体相互交错形成整体,空隙比较少,结构更加致密而增强了喷浆材料的密实度,胶凝材料产生了更高的强度。与此同时,从图中也可以看出,脱硫石膏结晶析出六方板状晶体穿插在胶凝材料体系中,进一步提升了体系的强度。

图 5-3 是胶凝材料在不同龄期水化产物的 EDS 谱图。从图 5-3(a)中可看出,在龄期为 3 d 时,Al 和 Si 的峰值低,粉煤灰的活性还未被激活,粉煤灰的 Al—Si 键结合得紧密,Ca 的峰值比较高,初期反应缓慢,以 Ca(OH)$_2$ 中的 OH$^-$ 发挥主要作用,加速粉煤灰的 Al—Si 键的断裂。龄期为 7 d 时,由图 5-3(b)可知,Ca 的峰值逐步降低,生成更多的硅酸钙和硅酸铝凝胶。如图 5-3(c)所示,龄期为 28 d 时,水化反应基本结束,Al 和 Si 的峰值增大,体系消化 Ca^{2+} 生成大量的钙矾石。

(a) 水化 3 d

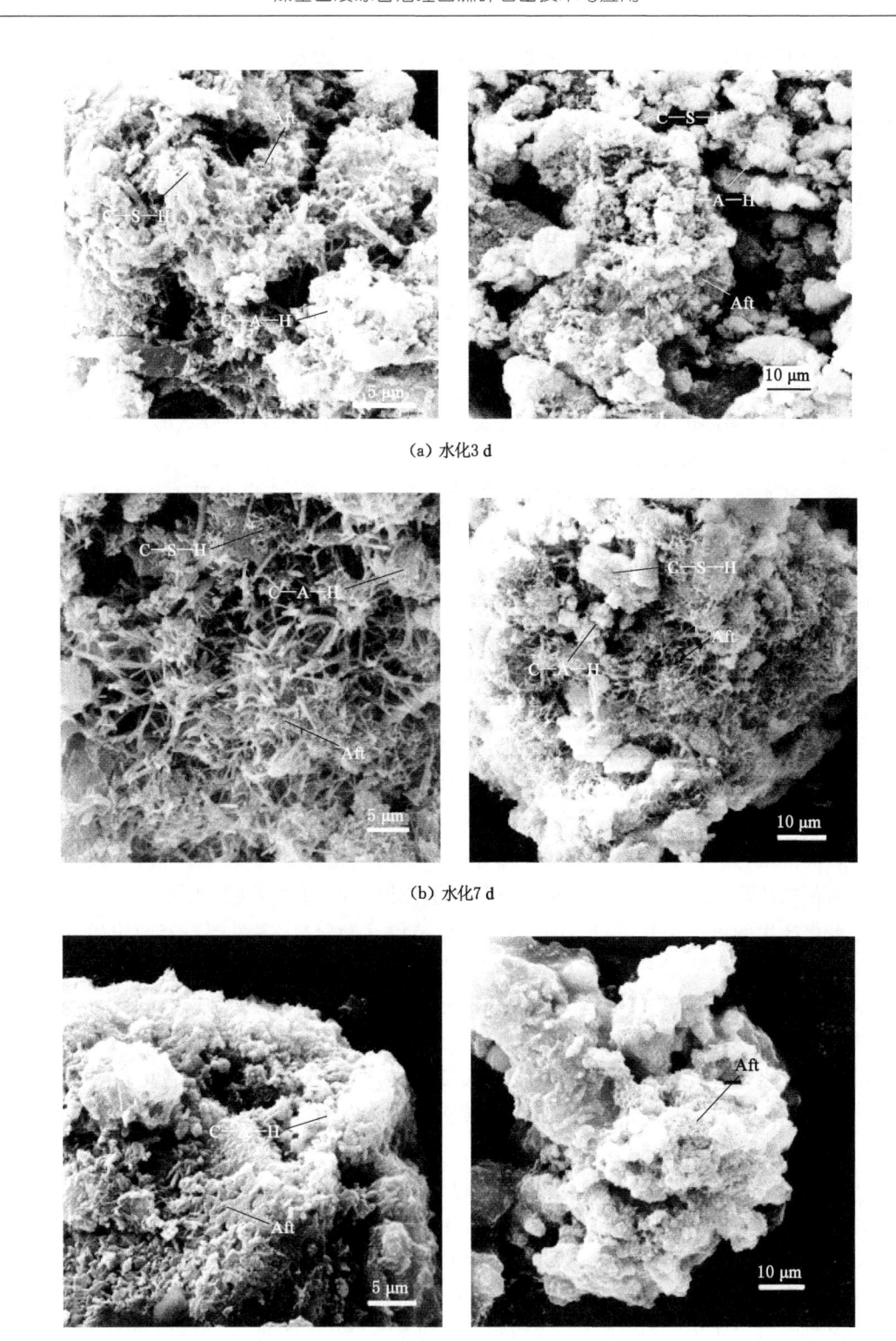

(b) 水化 7 d

(c) 水化 28 d

图 5-2　胶凝材料水化产物扫描电镜图

(a) 水化 3 d

Element	At.No.	Mass Norm. /%	Atom /%	abs.error/% (1 sigma)
C	6	38.13	53.08	5.37
O	8	30.82	32.20	4.66
Ca	20	20.77	8.67	0.63
Si	14	4.22	2.51	0.21
Al	13	3.98	2.46	0.22
S	16	2.08	1.09	0.11
		100.00	100.00	

(b) 水化 7 d

Element	At.No.	Mass Norm. /%	Atom /%	abs.error/% (1 sigma)
C	6	63.43	75.61	6.82
O	8	18.53	16.58	2.58
Ca	20	9.00	3.21	0.25
Al	13	3.86	2.05	0.19
Si	14	3.57	1.82	0.16
S	16	1.62	0.72	0.08
		100.00	100.00	

(c) 水化 28 d

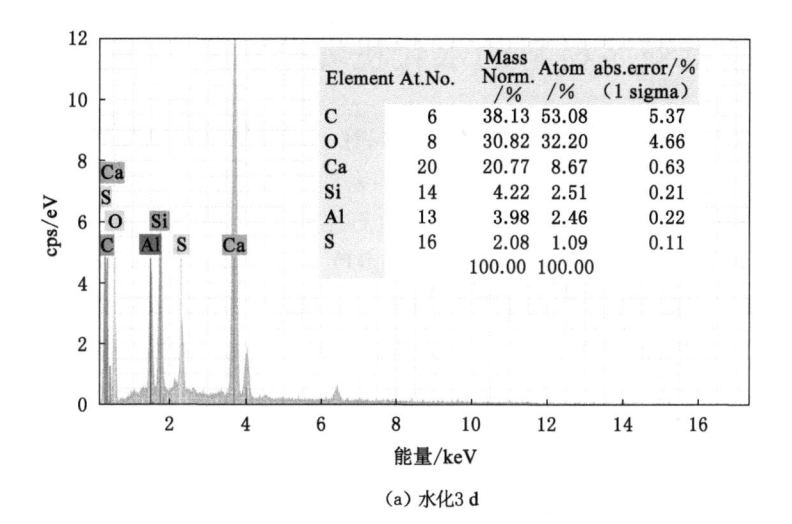

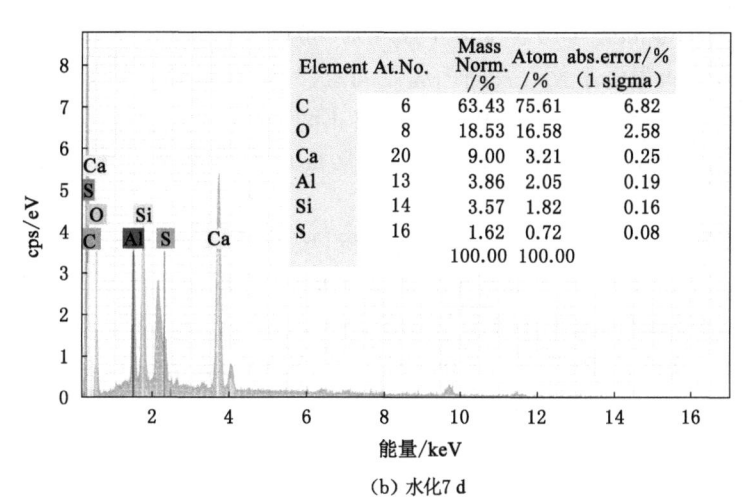

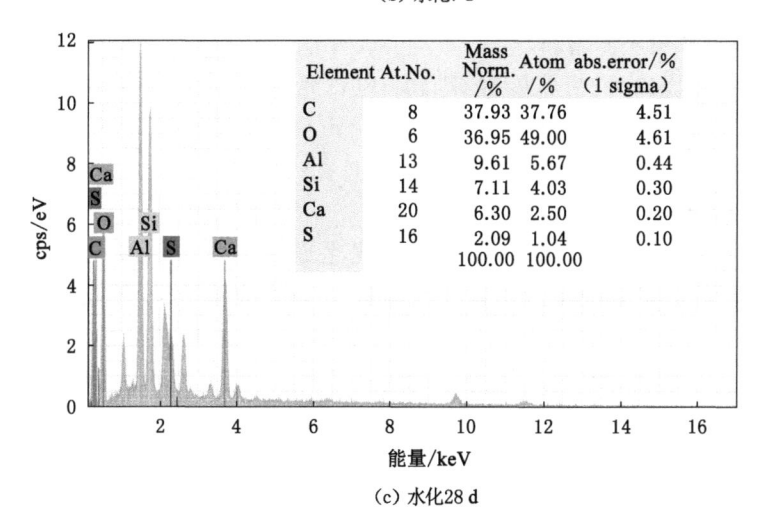

Element	At.No.	Mass Norm. /%	Atom /%	abs.error/% (1 sigma)
C	8	37.93	37.76	4.51
O	6	36.95	49.00	4.61
Al	13	9.61	5.67	0.44
Si	14	7.11	4.03	0.30
Ca	20	6.30	2.50	0.20
S	16	2.09	1.04	0.10
		100.00	100.00	

图 5-3 胶凝材料水化产物的 EDS 谱图

5.3 复合胶凝喷浆材料的水化机理分析

通过上述 XRD 和 SEM 检测技术对胶凝材料在不同龄期下的晶相和微观形貌分析,研究粉煤灰-脱硫石膏-电石泥-水泥复合胶凝材料体系的水化过程。

水泥水化过程中产生大量 Ca(OH)$_2$ 胶粒,电石泥遇水后也生成大量 Ca(OH)$_2$ 胶粒,粉煤灰与水搅拌后在表面形成水膜,粉煤灰与 Ca(OH)$_2$ 接触后 Ca^{2+} 和 OH$^-$ 进入粉煤灰表面的水膜中,在粉煤灰表面形成一层含有 OH$^-$ 和 Ca^{2+} 的碱性薄膜。碱性薄膜溶液形成后,粉煤灰表面开始受到腐蚀,粉煤灰表面部分 Si—O 和 Al—O 化学键断裂,开始发生火山灰反应,即

$$SiO_2 + mCa(OH)_2 + (n-m)H_2O = mCaO \cdot SiO_2 \cdot nH_2O \tag{5-1}$$

$$Al_2O_3 + mCa(OH)_2 + (n-m)H_2O = mCaO \cdot Al_2O_3 \cdot nH_2O \tag{5-2}$$

$$mCaO \cdot Al_2O_3 \cdot nH_2O + CaSO_4 \cdot 2H_2O = mCaO \cdot Al_2O_3 \cdot CaSO_4 \cdot (n+2)H_2O \tag{5-3}$$

随着体系中自由水和化学结合水的不断增加,粉煤灰表面碱性环境中 OH$^-$ 浓度不断增加,同时通过粉煤灰表面水化产物间的缝隙向里渗透,对粉煤灰的玻璃体进行腐蚀,火山灰反应不断加深。随着胶凝体系中的 OH$^-$ 和 Ca^{2+} 浓度增大,粉煤灰的水化速率一步一步加快,初步生成少部分的钙矾石,水泥水化也产生一部分硅酸钙凝胶,提供早期强度。

然而,从第 4 章中早期抗压强度的数据分析,胶凝材料的早期强度较低,这是由于 Ca(OH)$_2$ 胶粒中 Ca^{2+} 和 OH$^-$ 受到体系中胶核的强烈吸附作用,碱性薄膜溶液中 OH$^-$ 和 Ca^{2+} 浓度较低,Ca^{2+} 浓度尤其低,水化生成的 $mCaO \cdot SiO_2 \cdot nH_2O$ 和 $mCaO \cdot Al_2O_3 \cdot nH_2O$ 主要以凝胶状态存在,化学反应如式(5-1)和式(5-2)所示,对体系中的 Ca^{2+} 和 OH$^-$ 吸附作用不断增强,而 $mCaO \cdot SiO_2 \cdot nH_2O$ 和 $mCaO \cdot Al_2O_3 \cdot nH_2O$ 是粉煤灰产生强度的重要物质基础,从而使粉煤灰混合料水化速率慢、早期强度低。随着龄期的延长,$mCaO \cdot Al_2O_3 \cdot nH_2O$ 含量越来越多,与二水石膏反应生成钙矾石[$mCaO \cdot Al_2O_3 \cdot CaSO_4 \cdot (n+2)H_2O$],化学反应如式(5-3)所示,体系强度不断增加。

通过上述分析可以认为,粉煤灰-脱硫石膏-电石泥-水泥复合胶凝材料体系水化反应本质是水泥熟料水化、脱硫石膏和电石泥对粉煤灰火山灰效应激发的过程,这个过程可以分为以下三个阶段。

第一阶段:粉煤灰硅铝键的活化反应。

在水泥熟料水化产生氢氧化钙,以及电石泥生成氢氧化钙的碱性环境的 OH$^-$ 作用下,粉煤灰颗粒玻璃体表面活性 SiO$_2$ 与 Ca(OH)$_2$ 反应生成 C—S—H 凝胶,活性 Al$_2$O$_3$ 与 Ca(OH)$_2$ 反应生成 C—A—H 凝胶,C—A—H 凝胶进一步和 SO$_4^{2-}$、Ca(OH)$_2$ 反应生成钙矾石,而后 C—S—H 凝胶、C—A—H 凝胶和钙矾石沉积在玻璃体颗粒表面形成包裹层。

第二阶段:水化反应。

粉煤灰玻璃体结构不断被侵蚀,结构疏松,利于 Ca^{2+}、OH$^-$、SO$_4^{2-}$ 等离子扩散渗透,生成的钙矾石呈针状结构,可增大体系中的缝隙,也利于离子扩散。该过程反应比较缓慢,而这一缓慢过程会影响玻璃体结构解体速度和程度,反应温度以及粉煤灰自身活性成分等因

素对反应的快慢有一定的影响。

第三阶段:水化晶体增长,体系强度增强。

在第二阶段因素作用下,粉煤灰的结构不断破裂,水化侵蚀点增多,形成范围更广的侵蚀区域,粉煤灰内部活性成分继续水化生成 C—S—H 凝胶、C—A—H 凝胶和钙矾石晶体,随着龄期延长,水化产物不断生长、相互交错,体系强度不断增强。

6 喷浆封闭矸石山坡面技术应用

6.1 工程简介

煤矿开采过程中排出大量矸石,往往堆放的矸石山较高。在粒度偏析效应作用下,矸石山容易形成漏风通道,且在堆放较高情况下矸石山内部会形成"烟囱效应",从而容易自燃(图 6-1)。为了有效缓解"烟囱效应"并彻底防止矸石山自燃现象,对矸石山底部及斜坡潜在的漏风通道实施精准封堵至关重要,旨在大幅度减少氧气向矸石山的渗透。此外,对坡面进行科学的加固处理,不仅能显著提升矸石山的整体稳固性,还能有效减轻滑坡等自然灾害的潜在威胁。

图 6-1 煤矿矸石山自燃情况

示范工程选取乌海矿区某座矸石山,该矸石山为井工开采的矸石于平地堆积而成,矸石山第一台阶垂直高度约为 20 m,坡度角为 30°,现阶段将毛石铺砌到矸石山坡面,再用水泥砂浆勾缝的方式对矸石山坡底进行加固及封堵处理,如图 6-2 所示。此方法施工难度大,施工效率低,施工费用高,且在施工过程中存在重大安全隐患。

6.2 喷浆浆液配比的确定

原材料配比依照实验室试验研究的最佳配比,基础组粉煤灰和脱硫石膏的配比为 70∶30,外加组电石泥掺量为 20%、水泥掺量为 10%,水灰比为 0.65(根据现场的施工情况,具体调节水灰比)。

施工时间在 6 月,乌海矿区天气炎热,矸石山表明温度较高,为 37～40 ℃,水分蒸发比

图 6-2　毛石砌筑矸石山坡面

较快,不利于胶凝材料的水化反应,因而适当调高了水灰比。养护方式采用覆膜养护配合洒水养护,对于坡度较缓、坡面短的地方,人工便于操作时,在胶凝材料表面铺设工程养护塑料膜养护,对于坡度大、坡面长的地方,采取定期洒水的方式养护。

6.3　施工工艺

喷浆设备:采用 HKP400-10DS 型客土喷播机,详细参数如表 6-1 所示。

表 6-1　HKP400-10DS 型客土喷播机参数

罐体	几何容积/L	10 000
	上料方式	侧边上料和后端上料自由切换
搅拌方式	进料口振动筛分	选配电动振动筛
	搅拌方式	机械变速,卧轴斜桨叶片机械搅拌
	搅拌方向	正反双向旋转搅拌
	搅拌轴转速/(r/min)	0～100 变速
泥浆泵参数	泥浆泵类型	单级泵
	出口压力/MPa	1.5
	传动方式	机械离合
	最大固液比	2.75∶1
	最大土壤颗粒物粒径/mm	20
动力系统	喷播发动机	国产动力六缸涡轮增压柴油机
	喷播发动机功率/kW	252
	喷播发动机转速/(r/min)	2 200
	搅拌发动机	国产动力四缸柴油机
	搅拌发动机功率/kW	40
	搅拌发动机转速/(r/min)	2 400

表 6-1(续)

	喷枪形式	架枪+引管(选配):可分别实现远程大面积覆盖和延伸精准作业
其他参数	喷头配置	圆形两只,扇形一只
	最大射程/m	65±5(需按照厂家技术要求选用、配比原材料)
	最大扬程/m	100~120(接管情况下最大固液比不得超过2.5:1)
	围栏平台	有
	净质量/kg	5 100
	外形尺寸(长×宽×高)/mm	不含扶手 5 950(含扶手 6 100)×2 350×2 650
	团粒系统	该设备不加装电动团粒输送系统,若加装可实现团粒喷播作业

施工前对矸石山坡面进行平整处理,保证整个坡面无较大坑洼及起伏不平。在坡面上挂金属网并用锚杆固定。使用客土喷播机将搅拌均匀的浆液喷洒在矸石山表面。

在喷浆过程中,自上而下分多次喷洒。首次喷洒时,将浆液的水灰比适当调大,浆液稀一些,浆液具有良好的渗透性,易于充分填充矸石表面的缝隙,另外起到润湿矸石山表面的作用,尤其是在天气炎热时,矸石山表面温度过高,浆液和矸石山表面接触水分会迅速流失,从而影响胶凝材料的性能。

第二次喷浆时,降低浆液的水灰比,但要保证浆液具有良好的流动性,使浆液在矸石山表面平铺均匀。在后续喷浆过程中,浆液按正常设计水灰比配置,喷浆厚度控制在 12~15 cm。分阶段、调节水灰比的施工方式可以使浆液充分封闭矸石山表面,后续正常喷洒的浆液水分可以有效保存,维持水化反应。

喷浆完成之后,根据矸石山的情况,进行覆膜养护或者定期洒水养护,定期洒水养护为于第 5 天、第 10 天、第 15 天、第 25 天在矸石山表面洒水。

施工有关作业及效果如图 6-3 至图 6-6 所示。

图 6-3 坡面挂网

6 喷浆封闭矸石山坡面技术应用

图 6-4 喷浆施工作业

图 6-5 三次喷浆后效果

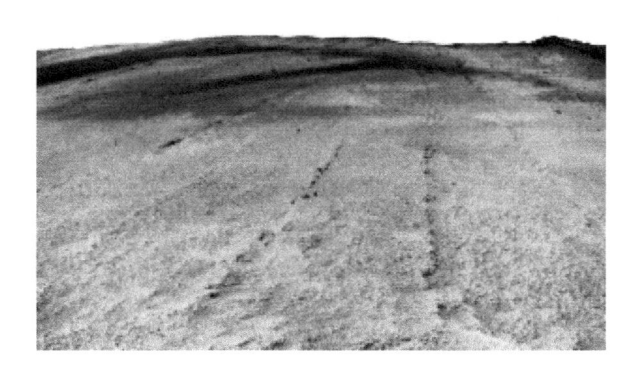

图 6-6 喷浆一个月后效果

6.4 性能检测及评价

施工过程中,现场取样并做好标记,分别测试浆液流动性、析水率;施工完成后,在龄期 3 d、7 d、28 d 时,选取试块,测试其抗压强度。具体检测结果见表 6-2。从抗压强度的检测情况分析得知,喷浆材料 28 d 龄期的抗压强度均在 15 MPa 以上,达到设计强度要求。

表 6-2 现场取样抗压强度检测结果

样品编号	抗压强度/MPa		
	3 d	7 d	28 d
1	3.45	6.87	15.43
2	4.01	7.01	16.65
3	3.27	6.65	15.87

7 注浆灭火浆液的制备

　　以煤基固废制备的胶凝注浆材料在注浆压力的作用下通过注浆管透过矸石间的缝隙渗透到矸石山的深部火区，逐步降低火区温度、熄灭矸石山内部火源；浆液充填矸石山内部孔隙，固化后与矸石山形成整体，阻断空气进入矸石山内部，从本源上杜绝矸石山复燃的可能性，进一步提高矸石山整体的稳定性，防止滑坡灾害发生。决定注浆效果的两个决定性因素一是注浆材料的性能，二是注浆钻孔的优化布置，在现场工程应用过程中需要结合矸石山的粒径条件、堆积方式及燃烧程度进行动态调整。

7.1 注浆浆液的作用及性能要求

　　注浆浆液中大量的水分能够迅速降低自燃煤矸石的温度，进而减弱由温度梯度引发的烟囱效应，减缓空气渗入速度。另外，随着浆液注入，炽热矸石在骤冷环境下迅速破碎，形成更细小的粒度分布，从而导致矸石堆的孔隙率减小、透气性降低。注浆浆液中的固体物质在泥浆泵压力下渗透到矸石内部，有效充填孔隙，进一步降低孔隙率，当孔隙率降至6%～8%时，可阻止矸石自燃。此外，注浆浆液中的活性氧化钙与矸石燃烧产生的二氧化硫反应生成硫酸钙，既可防止二氧化硫气体逸出，保护施工人员的健康，又因活性氧化钙的存在可减缓矸石的氧化速率，实现阻燃效果。

　　注浆过程中，浆液在注浆泵的压力作用下通过高压软管从搅拌池输送到注浆孔，浆液的输送距离长达百米以上，要求浆液具有良好的流动性和稳定性，浆液包裹矸石后形成的浆固体要有一定的强度，从而起到隔绝空气进入矸石山内部、提高矸石山稳定性的作用，以达到良好的治理效果。

　　因此注浆材料性能需要满足：

　　① 浆液要具有良好的流动性，流动度要大于100 mm，便于管道输送且能渗透到细小的缝隙和孔缝中。

　　② 浆液要具有良好的稳定性，在常温常压下能够长时间不发生固液分离的现象，确保性质不发生改变，2 h静置析水率≤15%。

　　③ 注浆浆液固化体具有较高的强度，28 d抗压强度≥5 MPa。

　　④ 兼顾注浆成本与固化体强度两方面因素，在保证强度的条件下，增加煤基固废的使用量，减少水泥的用量。

7.2 注浆原料的理化性质

　　选用粉煤灰、脱硫石膏、电石泥、煤矸石为原料制备注浆灭火材料。

本次试验选用的粉煤灰来自乌海某矸石发电厂,采用炉内脱硫方式。将粉煤灰分 3 组取样,进行细度、烧失量、需水量比及含水率的物理性质检测,每组检测的具体结果如表 7-1 所示。

表 7-1 粉煤灰的物理性质检测结果

粉煤灰样品	细度(筛余量)/%	烧失量/%	需水量比/%	含水率/%
样品 1	11	3.56	90	0.67
样品 2	10	3.62	89	0.63
样品 3	11	3.58	91	0.59
平均	10.67	3.59	90	0.63

本次试验选用的粉煤灰在 45 μm 方孔筛下的筛余量约为 10.67%,烧失量约为 3.59%,需水量比为 90%,含水率为 0.63%。此种粉煤灰为一级粉煤灰。

将粉煤灰进行化学全分析检测,检测结果如表 7-2 所示。

表 7-2 粉煤灰的主要化学成分　　　　　　　　单位:%

粉煤灰样品	Al_2O_3 含量	SiO_2 含量	CaO 含量	MgO 含量	Fe_2O_3 含量	Na_2O 含量	SO_3 含量
样品 1	35.17	42.07	10.93	0.71	3.00	0.16	1.89
样品 2	34.83	42.91	11.26	0.68	2.64	0.18	1.64
样品 3	35.72	41.85	10.52	0.73	3.27	0.17	1.73

根据该种粉煤灰的化学全分析检测结果,确定其化学成分主要为 SiO_2、Al_2O_3 和 CaO,含有少量的 Fe_2O_3 和 SO_3,以及微量的 Na_2O 和 MgO。

另外,试验所需的脱硫石膏、电石泥及水泥的来源与第 4 章制备的复合胶凝喷浆材料一致。

7.3　注浆浆液配比的确定

选择粉煤灰作为注浆材料的主要原料,为了更好地激发粉煤灰的火山灰效应,脱硫石膏、电石泥及水泥的掺量要适宜,为粉煤灰提供足够的碱性条件。结合经济成本,在制备注浆浆液时应提高固体废弃物的掺量,电石泥和水泥根据强度需求选择合适比例。

7.3.1　预试验制备注浆浆液

以粉煤灰的掺量为变量进行多组对比试验,制备多组不同粉煤灰掺量的浆液,对其形成的固化体进行抗压强度检测,根据抗压强度检测结果确定粉煤灰的掺量对浆液固化体强度的影响。考虑降低经济成本且能够更好地发挥粉煤灰的火山灰效应,尽量增加粉煤灰和脱硫石膏的用量,而且水灰比较高的浆液在自然养护条件下不易形成固化体。因此,设计对比试验(脱硫石膏 200 g、水泥 100 g、电石泥 100 g,水灰比为 0.7),探究粉煤灰 200~1 000 g

的不同掺量对浆液固化体强度的影响。

把浆液倒入尺寸为 70.7 mm×70.7 mm×70.7 mm 的立方体塑料三联试模制作试块,放置在室温为 24 ℃ 的环境中静止放置 20 h 左右即可脱模拆出试块,覆膜进行 28 d 的自然养护,如图 7-1 和图 7-2 所示。

图 7-1 浆液倒入模具中成型

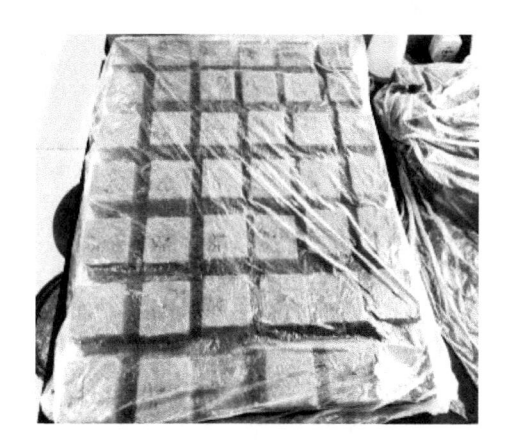

图 7-2 试块覆膜养护

每组浆液的原料质量及浆液固化体自然养护 28 d 后抗压强度测试结果如表 7-3 所示。粉煤灰掺量对浆液固化体抗压强度的影响趋势如图 7-3 所示。

表 7-3 预试验方案

方案组号	粉煤灰质量/g	脱硫石膏质量/g	水泥质量/g	电石泥质量/g	抗压强度/MPa
1	200	200	100	100	4.17
2	300	200	100	100	5.45
3	400	200	100	100	7.24
4	500	200	100	100	8.37
5	600	200	100	100	9.15
6	700	200	100	100	9.88

表 7-3(续)

方案组号	粉煤灰质量/g	脱硫石膏质量/g	水泥质量/g	电石泥质量/g	抗压强度/MPa
7	800	200	100	100	10.13
8	900	200	100	100	8.34
9	1 000	200	100	100	6.81

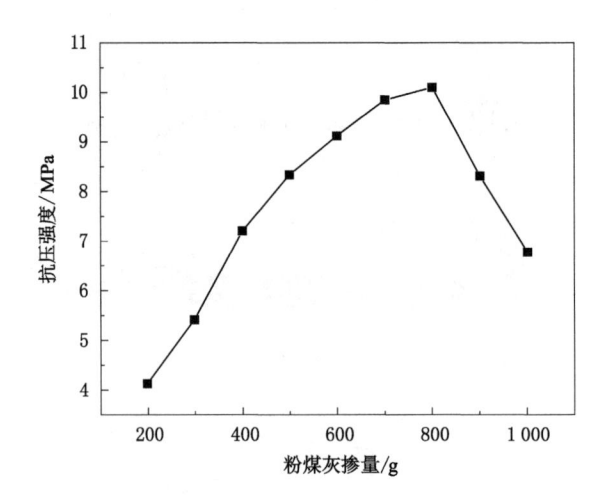

图 7-3 粉煤灰掺量对浆液固化体抗压强度的影响趋势图

通过对不同掺量的粉煤灰形成的固化体进行抗压强度测试,可确定当粉煤灰的掺量不超过 75% 时,若提高注浆材料中粉煤灰的掺量,则固化体抗压强度变大;当粉煤灰的掺量大于 75% 时,粉煤灰的掺量增加,固化体的抗压强度变小。因此,为确保浆液固化后具有更佳的强度效果,在制备注浆浆液时,粉煤灰在注浆材料中应占据较大比例。

7.3.2 正交试验法确定浆液的最佳配比

在用正交试验法确定浆液最佳配比时,将粉煤灰的质量固定不变,改变其他原料的掺量,研究不同质量的脱硫石膏、电石泥及水泥对浆液固化体强度的影响。在粉煤灰质量固定的情况下,探究浆液固化体具有最佳抗压强度时脱硫石膏、电石泥及水泥的质量,此时每种原料间的质量比便是浆液的最佳强度配比。在确定最佳强度配比后,根据浆液的流动度及稳定性对浆液的水灰比进行分析,最终对最佳强度配比的浆液与矸石形成的浆固体进行抗压强度等检测,判断浆液的水灰比及矸石的粒径对浆固体的强度影响,以及浆固体的强度是否符合要求。

本次正交试验研究在水灰比为 0.7 的条件下固定粉煤灰用量,分析不同掺量的脱硫石膏、电石泥和水泥所制备的注浆浆液固化后强度的变化。在正交试验中将粉煤灰的质量固定为 700 g,脱硫石膏的质量设置为 200 g、300 g 及 400 g,电石泥的质量设置为 100 g、200 g 及 300 g,水泥的质量设置为 100 g、200 g 及 300 g。此条件符合变量为三因素三水平的正交试验要求,经过 28 d 的自然养护后进行抗压强度检测,结果如表 7-4 所示。

7 注浆灭火浆液的制备

表 7-4 最佳配比试验方案及结果

方案组号	粉煤灰质量/g	脱硫石膏质量/g	水泥质量/g	电石泥质量/g	抗压强度/MPa
1	700	200	100	100	9.88
2	700	200	200	300	11.30
3	700	200	300	200	12.15
4	700	300	100	300	7.19
5	700	300	200	200	9.31
6	700	300	300	100	10.22
7	700	400	100	200	8.25
8	700	400	200	100	9.82
9	700	400	300	300	11.12

选用极差法对试验方案进行分析，K_1 代表每种原料最低质量时的抗压强度计算结果之和，K_2 代表每种原料中间质量时的抗压强度计算结果之和，K_3 代表每种原料最高质量时的抗压强度计算结果之和，k_i 为 K_i 的平均值，通过极差分析确定影响注浆浆液固化体强度的主次顺序，以及选定每组的最优水平、确定最优组合，找到注浆浆液的最佳强度配比。极差分析结果如表 7-5 所示。

表 7-5 试验极差分析结果

项目	脱硫石膏	水泥	电石泥
K_1	33.33	25.32	29.92
K_2	26.72	30.43	29.71
K_3	29.2	33.49	29.61
k_1	11.11	8.44	9.97
k_2	8.91	10.14	9.90
k_3	9.73	11.16	9.87
极差 R	2.20	2.72	0.10
主次顺序	水泥＞脱硫石膏＞电石泥		
优水平	200	300	100
优组合	脱硫石膏 200 g、水泥 300 g、电石泥 100 g		

根据试验极差分析结果中每种原料的极差分析情况，分别作出每种物质在不同掺量下的强度趋势图，从而更加直观地得出每种物质在不同用量条件下与抗压强度的关系。脱硫石膏的抗压强度指标趋势图如图 7-4 所示，水泥的抗压强度指标趋势图如图 7-5 所示，电石泥的抗压强度指标趋势图如图 7-6 所示。

正交试验的极差分析法简洁明了且容易理解，并有计算量小的优势，便于广泛应用。但这种方法的缺点在于不能很好地确定数据波动的原因，无法区分试验结果的差异是源于因素变化还是试验误差，无法准确判断各因素对结果的影响情况，也无法确定是否存在试验误差。为了更准确地分析试验结果，选用方差分析法再次分析。试验的方差分析

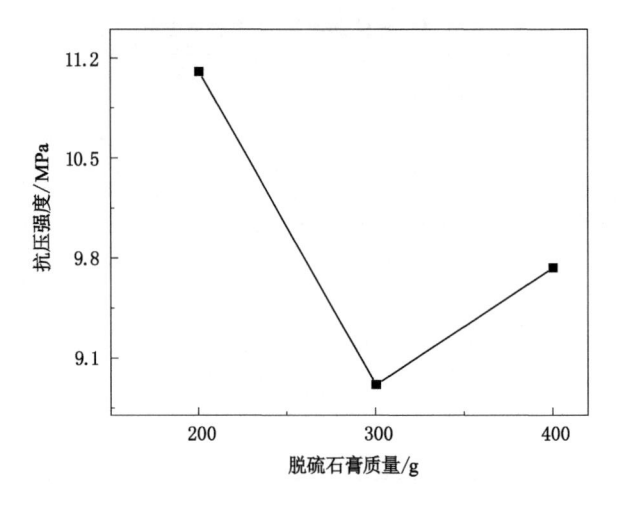

图 7-4 脱硫石膏抗压强度指标趋势图

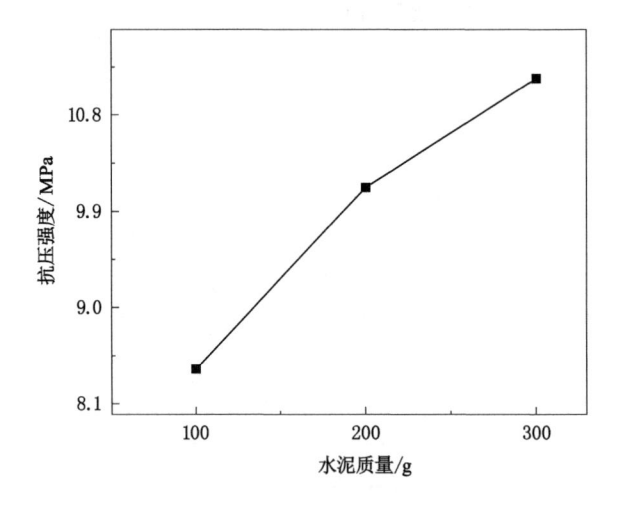

图 7-5 水泥抗压强度指标趋势图

结果如表 7-6 所示。

表 7-6 试验方差分析结果

差异源	平方和	自由度	均方	F 值	P 值
截距	884.864	1	884.864	8 019.109	0**
脱硫石膏	7.437	2	3.718	33.699	0.029*
水泥	11.358	2	5.679	51.467	0.019*
电石泥	0.017	2	0.008	0.076	0.930
残差	0.221	2	0.110		

注：* $P<0.05$，** $P<0.01$，$R^2=0.988$。

利用三因素方差分析研究脱硫石膏、水泥和电石泥的掺量对浆液固化体抗压强度的影

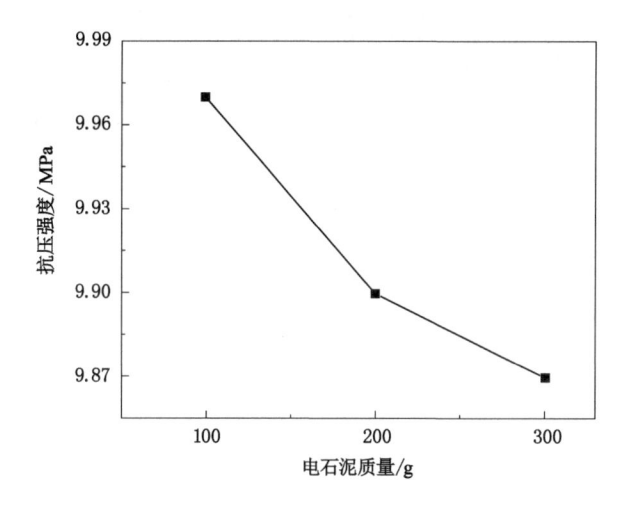

图 7-6　电石泥抗压强度指标趋势图

响,由分析结果可确定:脱硫石膏掺量呈现显著性($F=33.699,P=0.029<0.05$),说明主效应存在,脱硫石膏的掺量会对固化体抗压强度产生显著影响。水泥掺量呈现显著性($F=51.467,P=0.019<0.05$),说明主效应存在,水泥的掺量会对固化体抗压强度产生显著影响。电石泥掺量没有呈现显著性($F=0.076,P=0.930>0.05$),说明电石泥的掺量对固化体抗压强度的影响不是很大。

通过对试验结果进行极差与方差分析,确定对浆液固化后形成的固化体抗压强度影响最大的因素是水泥的掺量,电石泥的掺量影响作用最小。分别取每种原料的最优水平形成制备注浆浆液原料的最优组合,将此种最优组合的质量比作为注浆浆液的最佳配比,即在粉煤灰质量为 700 g 的条件下选用脱硫石膏 200 g、水泥 300 g、电石泥 100 g 作为原料制备具有最佳强度的注浆浆液。因此可以确定,注浆浆液的最佳强度配比为:粉煤灰、脱硫石膏、水泥、电石泥的质量比为 7∶2∶3∶1。

7.4　注浆浆液水灰比的确定

为了确保持续稳定地把浆液输送至注浆孔中,浆液应具有良好的流动性,以避免造成注浆输送软管的堵塞而耽误施工进程。同时浆液具有良好的流动性也可确保浆液在注浆过程中能流动至预想位置。因此,在制备治理自燃矸石山的注浆浆液时要对浆液的水灰比进行调整,使浆液具备良好的流动性。水灰比增加时浆液的流动度增大,水灰比变大浆液中的水分增加,增强流动性的同时会影响浆液的析水率,降低浆液的稳定性。所以要在确保浆液有足够的流动度的同时析水率不要过高,确保浆液的稳定性。

在最佳强度配比为粉煤灰、脱硫石膏、水泥和电石泥的质量比为 7∶2∶3∶1 的条件下,分别研究水灰比为 0.7、0.9、1.1、1.3、1.5、1.7、1.9、2.1 情况下浆液的流动度、析水率以及产生明显固液分层的时间。试验结果如表 7-7 所示。

表 7-7 水灰比对浆液性能影响的试验结果

水灰比	流动度/mm	析水率/%	固液分层时间/min
0.7	113	3.22	29.28
0.9	141	5.71	43.17
1.1	162	8.57	39.04
1.3	175	16.3	36.81
1.5	184	20.38	35.67
1.7	190	28.57	33.59
1.9	194	30.02	31.14
2.1	197	37.5	27.25

根据不同水灰比条件下测得的流动度、析水率及发生明显固液分层时间可知：水灰比越大浆液的流动度越大，浆液的流动效果越好；水灰比越大浆液的析水率也越大，但吸水时间随着水灰比的增加呈现先增加后减小的趋势，水灰比越大浆液的稳定性越差。水灰比对浆液流动度、析水率、发生明显固液分层时间的影响趋势图如图 7-7 至图 7-9 所示。

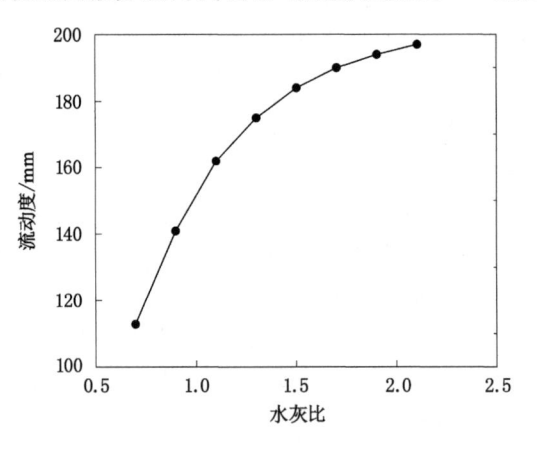

图 7-7 水灰比对流动度的影响曲线

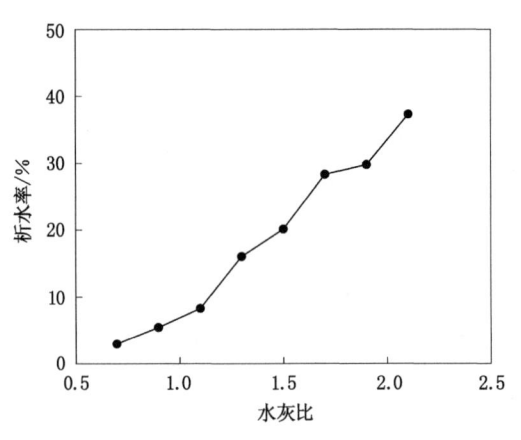

图 7-8 水灰比对析水率的影响曲线

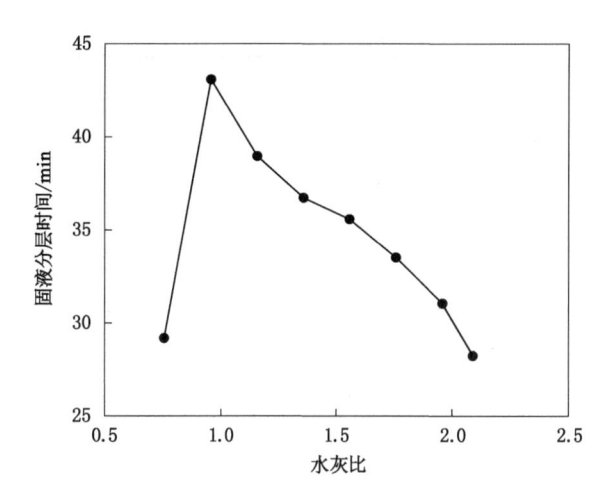

图 7-9 水灰比对固液分层时间的影响曲线

根据不同水灰比的影响趋势图可以看出,水灰比增大时,浆液的流动度增大,析水率增大,发生明显固液分层的时间先变长后变短。根据此现象可以确定,浆液的水灰比增加时,浆液具有更好的流动性,但稳定性减弱。在进行自燃矸石山现场注浆治理时,由于矸石山内部火区温度较高,热传导致使注浆管也有很高的温度,在注浆过程中持续的高温会使浆液的水分蒸发,浆液的水灰比降低,从而影响浆液的性能。所以在现场实际注浆时,要根据火区温度调节浆液的水灰比。

7.5 矸石粒径与浆固体强度分析

在粉煤灰 700 g、脱硫石膏 200 g、水泥 300 g、电石泥 100 g 的最佳强度配比下制备不同水灰比的注浆浆液,向浆液中加入不同粒径的煤矸石制成标准试块形成浆固体。经过 28 d 自然养护后对浆固体进行抗压强度检测,根据浆固体的抗压强度研究不同水灰比及矸石粒径对浆固体强度的影响。

试验用的煤矸石选用从矸石山施工现场由打孔钻机钻出的矸石山内部深处的矸石,并对煤矸石进行筛分,筛选出粒径为 5~10 mm 及 10~15 mm 的两种矸石。分别取等体积两种粒径的矸石,以及等体积两种粒径混合的矸石,形成三组对照组。将最佳强度配比下不同水灰比的注浆浆液与三种不同粒径的煤矸石混合形成浆固体,即用实验室制备试块的方式模拟矸石山注浆过程。分别测量并计算出每组浆固体的抗压强度。不同粒径矸石与不同水灰比注浆浆液形成的浆固体抗压强度测试结果如表 7-8 所示。

表 7-8 浆固体试验方案及结果

编号	水灰比	粒径/mm	抗压强度/MPa
1	0.9	5~10	9.54
2	0.9	10~15	8.73
3	0.9	混合	9.09

表 7-8(续)

编号	水灰比	粒径/mm	抗压强度/MPa
4	1.1	5~10	7.92
5	1.1	10~15	7.16
6	1.1	混合	7.35
7	1.3	5~10	6.88
8	1.3	10~15	5.61
9	1.3	混合	6.09
10	1.5	5~10	4.51
11	1.5	10~15	3.83
12	1.5	混合	4.04

通过对表 7-8 中不同粒径的煤矸石与不同水灰比的注浆浆液形成的浆固体的抗压强度结果进行分析可知：在相同水灰比浆液的注浆条件下，矸石的粒径越大，其浆固体的抗压强度越小；在矸石粒径相同的条件下，注浆浆液的水灰比越大，形成的浆固体抗压强度越小。

根据浆固体抗压强度的变化规律，可确定使用相同水灰比的注浆浆液进行注浆治理时，矸石的粒径越大，即矸石山的孔隙率越大，形成的浆固体的内部结构间的孔隙也就越大，矸石间的接触点减少，从而影响整体的抗压强度。因此，在相同浆液注浆条件下，矸石山的孔隙率越大，注浆后的强度越低。

在对同一座矸石山进行注浆治理时，浆液的水灰比越大，注浆后的强度越低。当水灰比增大时，单位体积浆液内的胶凝材料所占的比例变小，浆液中的水分增多，从而使一部分矸石没有被胶凝材料充分包裹，因此形成的浆固体的强度降低。但并非浆液的水灰比越小越好，水灰比越小浆液越黏稠，流动性变差，注浆过程中极易发生堵塞，从而影响注浆效果。同时，浆液的水灰比过小会导致原料不能充分进行水化反应，浆固体的强度也会降低。

8 浆液扩散半径计算

在矸石山注浆灭火治理过程中,浆液的扩散过程发生在矸石山的内部,有效扩散范围不明确,无法直观观察到浆液的具体扩散情况,所以注浆孔的布置是注浆过程中的重点以及难点问题。若注浆孔布置的间距较大,浆液的有效注浆范围不能覆盖全部火区,则火区内仍会存在未治理区域继续发生自燃。注浆孔的布置间距较小虽然能确保浆液覆盖全部火区,能够达到较好的治理效果,但是注浆钻孔布置得越多,注浆治理成本就越高,会造成人力、物力、财力的浪费。因此,确定注浆过程中注浆孔的布置方式尤为关键,根据注浆过程中浆液扩散半径便可科学地设置注浆孔的间距,合理布置注浆孔。

浆液扩散半径受到多重因素的影响,为了更准确地确定矸石山注浆过程中浆液扩散半径,用两种计算方法分别对浆液扩散半径进行研究。一种是根据流体力学的理论计算公式建立数学模型,代入注浆过程中的具体数值进行浆液扩散半径的理论计算。另一种是用数值模拟的方法,使用 COMSOL Multiphysics 软件模拟浆液在矸石山内部的扩散过程,模拟出浆液流动后的最终位置以确定浆液扩散半径。

8.1 注浆半径的理论计算

8.1.1 数学模型的建立

在矸石山注浆过程中,浆液在矸石山内部扩散时浆液的流动情况实时发生变化,因此将浆液的扩散过程微分化,利用微积分的数学方法建模。在注浆过程中,注浆管上布置等间距的焊孔,确保浆液可通过注浆管向四周均匀流动;并且在持续稳定的注浆压力条件下注浆,浆液在注浆管内不同位置的压力均相同,所以浆液整体呈圆柱形扩散。在计算过程中若不考虑浆液的损耗,根据浆液注入量与浆液扩散量相同可得:

$$qt = \pi R^2 \varphi D \tag{8-1}$$

式中 q——注浆速率,m^3/h;

t——注浆时间,h;

R——注浆半径,cm;

φ——矸石山孔隙率;

D——浆液扩散的深度,m。

将注浆过程分段进行分析,浆液在充满注浆管过程中并未和矸石发生接触,在注满后向外扩散时,在压力的作用下通过矸石间的孔隙流向各处。因此,将浆液扩散过程分成浆液充满注浆管以及浆液从注浆管中流出向矸石山内部扩散两个过程,各阶段间的关系理论分析图如图 8-1 所示。

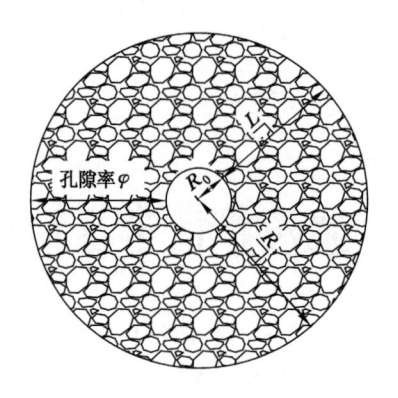

图 8-1 浆液扩散各阶段间关系

浆液在各阶段的时间之间的关系为：

$$t_g = t - t_s \tag{8-2}$$

式中 t_g——浆液在矸石内扩散的时间，h；

t——注浆时间，h；

t_s——浆液与矸石接触前的流动时间，h。

在浆液流出注浆管向矸石介质扩散过程中，同样满足质量守恒定律，可得：

$$q(t - t_s) = \pi L^2 D \varphi \tag{8-3}$$

式中 L——浆液扩散半径，m。

联立式(8-2)和式(8-3)得出浆液在矸石内扩散的时间 t_g：

$$t_g = \frac{\pi L^2 D \varphi}{q} \tag{8-4}$$

幂律型浆液本构方程为：

$$\tau = c(t_g) \gamma^n \tag{8-5}$$

式中 τ——浆液剪切应力，Pa；

$c(t_g)$——浆液扩散时间函数；

γ——浆液剪切速率，m/s；

n——流变指数。

幂律型浆液本构方程中的浆液剪切速率 γ 与浆液流动速度及浆液扩散半径的关系为：

$$\gamma = -\mathrm{d}v/\mathrm{d}L \tag{8-6}$$

式中 v——浆液流动速度，m/s；

L——浆液扩散半径，m。

利用微分的方式考虑浆液的扩散过程，在此过程中不考虑重力的影响，每一个微分部分具有相同的受力情况且边界条件也相同，浆液具有以下平衡条件：

$$\pi L^2 \mathrm{d}p = -2\pi L \tau \mathrm{d}L \tag{8-7}$$

式中 p——浆液注浆压力，Pa。

浆液在矸石山内部的平均渗透速度 V 与浆液在注浆管横截面上平均流速 $\bar{v}$ 和矸石山孔隙率 φ 之间的关系满足 $V = \varphi \bar{v}$。同时，根据浆液在矸石山内部的平均渗透速度符合时变性幂律型浆液柱形渗透注浆机制可求得：

$$V = \varphi\bar{v} = \frac{n\varphi}{1+3n}\left[-\frac{1}{2c(t_g)}\frac{\mathrm{d}p}{\mathrm{d}L}\right]^{\frac{1}{n}}R_0^{\frac{1+n}{n}} \tag{8-8}$$

式中 R_0——注浆管半径,m。

整理式(8-8),可得出在浆液扩散区域内,浆液扩散半径与注浆压力之间的关系:

$$\frac{\mathrm{d}p}{\mathrm{d}L} = -2\frac{1}{R_0^{-(1+n)}}\left[\frac{q(1+3n)}{2\pi Dn\varphi}\right]^n \frac{1}{L^n}c\left(\frac{\pi L^2 D\varphi}{q}\right) \tag{8-9}$$

根据式(8-9)进行注浆压力与浆液扩散半径的计算,还需要确定注浆过程的边界条件。$L=0$ 时,表示下一时刻浆液将由注浆管开始向矸石扩散,此时注浆半径 R 为 R_0。此时所需的注浆压力 p_0 即注浆压力的边界条件。根据浆液扩散半径与注浆半径间的关系:$R=L+R_0$,确定注浆压力与注浆半径的关系为:

$$p = p_0 - 2\frac{1}{R_0^{-(1+n)}}\left[\frac{q(1+3n)}{2\pi Dn\varphi}\right]^n \int_{R_0}^{R}\frac{1}{R^n}c\left(\frac{\pi R^2 D\varphi}{q}\right)\mathrm{d}R \tag{8-10}$$

式(8-10)为计算浆液扩散半径的数学模型,将各项参数代入数学模型便可求出此条件下浆液扩散半径。同理,也可利用此数学模型计算出预期目标浆液扩散半径时所需的注浆参数,即通过调节可变参数来改变浆液扩散半径,如通过改变注浆压力来改变浆液扩散半径。

8.1.2 参数的数值确定

数学模型建立后,需要确定每一个参数的具体数值,将数值代入数学模型进行计算便可得出注浆半径(或浆液扩散半径)的具体结果。同时在数值模拟过程中也需要明确参数的具体数值,才可模拟出最终结果。因此,对棋盘井镇某矸石山现场取回的矸石及最佳强度配比下的注浆浆液的各项参数进行数值确定。参数的准确性直接影响计算结果的准确性,为了减小误差,对参数进行多次测量并取平均值。

由于矸石的亲水性较差,选用操作简单且准确性高的常水头试验法测定矸石的渗透率。此试验过程保持水头不变,且水头差也不变,将截面为 A、长度为 L 的饱和试样放置在透明筒中,使水自上而下流经试样,在出水口排出。待试验稳定进行后,记录时间 t 内流经试样的水量 V'。根据水量 V' 与流量 Q 以及流速 v 之间的关系可知:

$$V' = Qt = vAt \tag{8-11}$$

式中 V'——流经试样的水量,m³;

Q——水的流量,m³/s;

v——水的流速,m/s;

A——试样横截面积,m²;

t——此过程的时间,s。

根据达西定律公式 $v = Ki$ 得:

$$V' = KiAt = K(\Delta h/L)At \tag{8-12}$$

式中 K——矸石间的渗透系数,m/s;

i——水力坡降;

Δh——水头损失,m;

L——试样长度,m。

从而得出矸石间的渗透系数：
$$K = QL/(A\Delta h) \tag{8-13}$$
根据渗透系数与渗透率之间的关系，求出矸石间的渗透率：
$$K = k\rho g/\eta \tag{8-14}$$

式中　k——矸石间的渗透率，m^2；
　　　ρ——水的密度，kg/m^3；
　　　g——重力加速度，m/s^2；
　　　η——水的动力黏度，$Pa \cdot s$。

以棋盘井镇某矸石山的实际条件及注浆过程中普遍使用的设备标准参数为基础，结合试验计算结果与仪器检测结果，共同作为矸石山注浆过程中各项参数的具体数值，用于注浆半径的理论计算及数值模拟计算。各项参数及其具体数值如表8-1所示。

表8-1　注浆过程各项参数及其数值设定

参数	数值
矸石山孔隙率	0.3
矸石山渗透率/m^2	1.4×10^{-9}
浆液动力黏度/(Pa·s)	0.028
浆液密度/(kg/m^3)	1 200
注浆压力/MPa	2.5
注浆管直径/mm	108
注浆管长/m	12
注浆速率/(m^3/h)	25
单管注浆时间/h	4

将表8-1中各项参数具体数值代入数学模型，求得注浆半径为1.7 m。

8.2　注浆半径的数值模拟研究

矸石山注浆过程是流体在多孔介质中的扩散问题，选用可对多物理场进行耦合的COMSOL Multiphysics软件，模拟矸石山注浆治理过程中浆液的扩散情况，根据模拟计算结果确定注浆半径。在数值模拟计算注浆半径过程中，首先要建立浆液扩散的模拟模型。

在模型建立之初，要确定好模型基础，明确流体的扩散类型及原理，才可确保模拟结果的准确。因此，在模型建立之初就在模型导向中选用流动流体中的多孔介质和地下水流，并在其中选择达西定律作为模型基础及理论原理。在此模型导向下的数值模拟过程中，不但能使流体在多孔介质中以柱形扩散的方式发生渗流，而且可确保渗透扩散过程满足层流状态理论基础。

建立三维矸石山注浆模型可以更形象地模拟矸石山注浆过程，但对其进行网格划分及初步计算后发现,三维模型无法清晰地观察到内部具体情况,并且不利于注浆半径具体数值的确定,如图 8-2 所示,影响后续一系列的研究与分析。因此,采用二维平面模型进行注浆半径数值模拟计算,对注浆过程中的主视截面与俯视截面进行模拟研究。在构建模型时同样选用表 8-1 中的注浆过程各项参数具体数值。

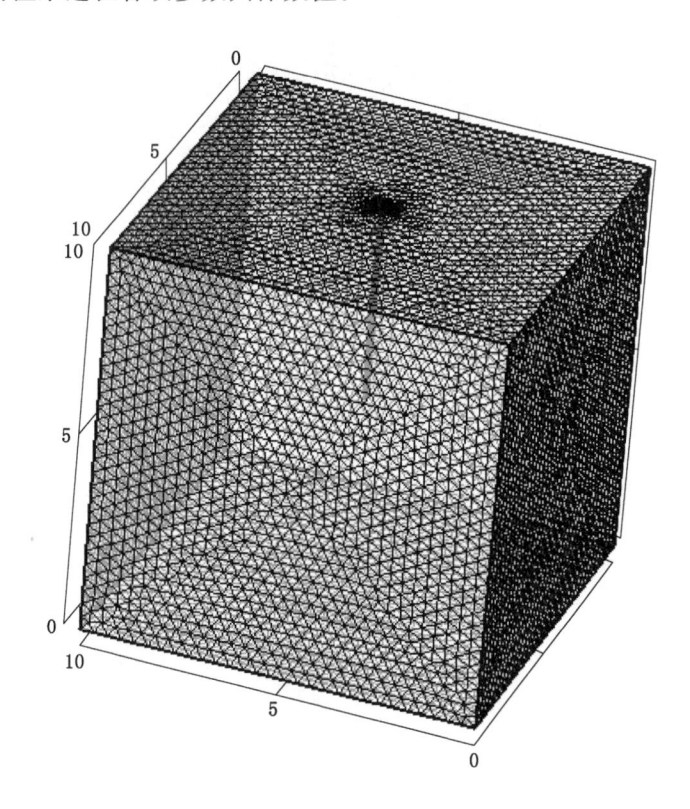

图 8-2 三维模型网格划分结果(单位:m)

首先用多组几何组件构建出矸石山注浆过程中主视及俯视情况下的二维几何图形,几何图形的边框即固体及液体的边界。在注浆管内添加液体材料,并输入液体各项参数的具体数值,在注浆管外侧添加多孔介质固体即煤矸石,同样输入矸石固体的各项参数的具体数值。其次,设置适用达西定律的区域为固体介质区域;同时设定施加压力的位置,将压力施加位置选择为注浆管边界,确保浆液从注浆管向四周扩散,并输入压力的具体数值。

为确保浆液由注浆管各处向四周均匀扩散,通常在注浆管上焊出多个直径为 30 mm 左右、间距为 25～30 cm 的焊孔。如果按照此种情况对注浆管进行组件构建,则会存在注浆压力分散的问题,从而使注浆半径过小。在模拟过程中注浆压力的作用点为注浆管,在此种条件下由于注浆管上的出口较多,模拟过程中默认将压力均分到各处。如去掉注浆管上的焊孔,则默认模拟过程中浆液只在底端流出。为排除此种因素的影响并且准确地模拟矸石山注浆过程的注浆半径,选用施加动网格的方式,在此状态下既可以确保浆液能够在注浆管各处流出,又不会出现注浆压力分散的问题,从而使数值模拟模型达到与矸石山注浆过程相同的状态,进而对注浆半径进行有效的模拟计算。

数值模拟模型至此完成构建,需要进行网格划分,矸石山注浆过程中的二维主视截面模型网格划分如图8-3所示,二维俯视截面模型网格划分如图8-4所示。根据网格划分结果预览浆液扩散过程是否符合实际,检验模型建立是否正确。

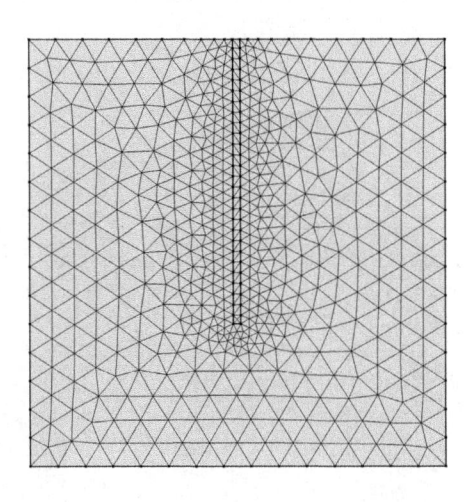

图 8-3　二维主视截面模型网格划分

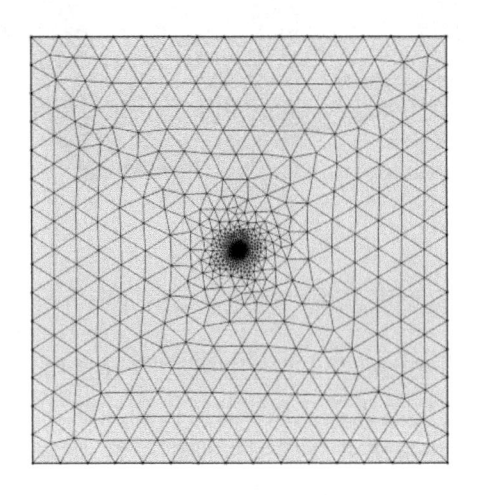

图 8-4　二维俯视截面模型网格划分

根据网格划分结果确定模型正确后,便可对模型进行研究与计算,在模拟结果操作栏中找到达西速度的计算选项,达西速度计算可确定浆液扩散到何位置时不再流动。在模拟出达西速度的结果后调节模拟结果的有效范围,将最外部只有少量、小部分的浆液扩散情况去除,只保留浆液的有效扩散范围,便于更清晰地确定浆液注浆半径。根据注浆浆液扩散过程达西速度的模拟结果,在使用表8-1中的注浆参数条件下模拟出矸石山注浆过程浆液扩散最终位置的主视截面如图8-5所示(扫描图中二维码获取彩图,下同),俯视截面如图8-6所示。

根据数值模拟结果可以确定在表 8-1 所示的注浆参数条件下,有效注浆半径可达 1.6 m。

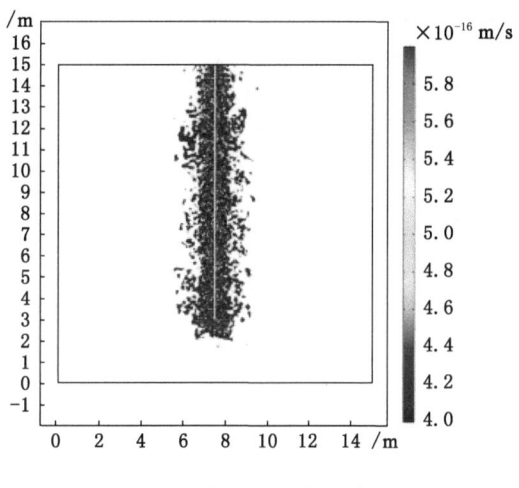

图 8-5 主视截面模拟结果

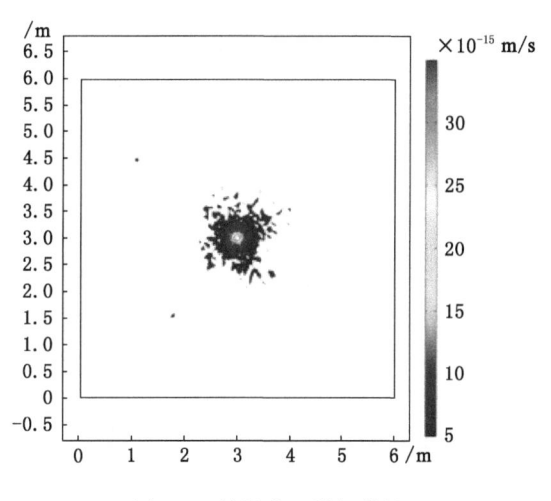

图 8-6 俯视截面模拟结果

8.3 注浆半径的主要影响因素

为进一步探究注浆半径的主要影响因素,分别对注浆压力、矸石间的孔隙率、矸石间的渗透率、浆液的动力黏度、注浆管长及注浆管直径采用单一变量的方法进行多次数值模拟计算,根据模拟结果判断影响注浆半径的主要因素,并分析变化规律。

首先考虑注浆压力因素,在选用表 8-1 中注浆过程各项参数及其数值的基础上,只改变注浆压力,其他注浆参数数值均不变,分别模拟出注浆压力为 1.0 MPa、1.5 MPa、2.0 MPa、2.5 MPa、3.0 MPa 及 3.5 MPa 条件下的注浆半径,模拟结果如图 8-7 至图 8-12 所示。

根据模拟结果便可确定注浆半径,浆液在不同注浆压力条件下的注浆半径如表 8-2 所示。根据注浆压力及注浆半径的具体数值,绘制注浆压力对注浆半径的影响趋势图,如图 8-13 所示。

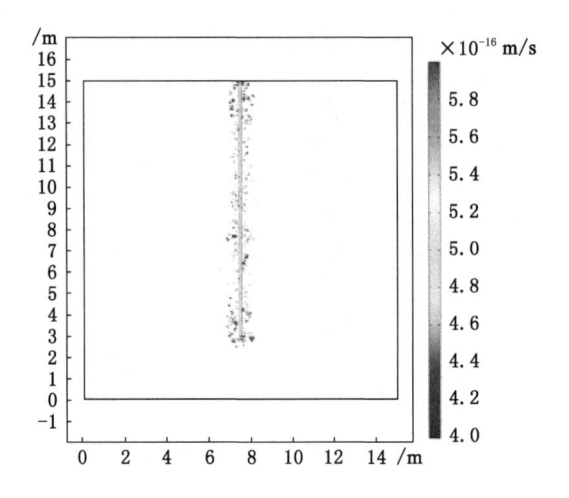

图 8-7　压力 1.0 MPa 注浆半径模拟结果

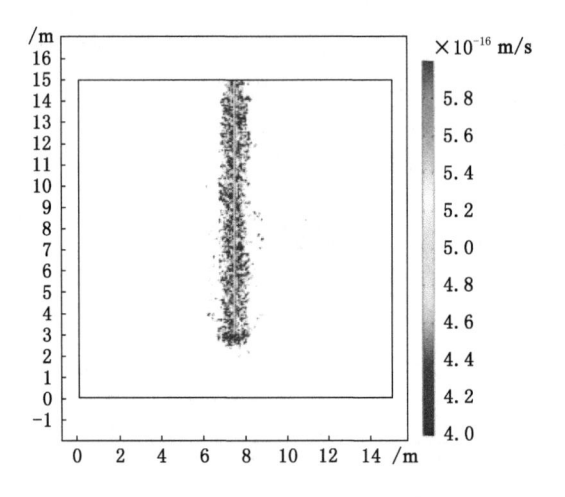

图 8-8　压力 1.5 MPa 注浆半径模拟结果

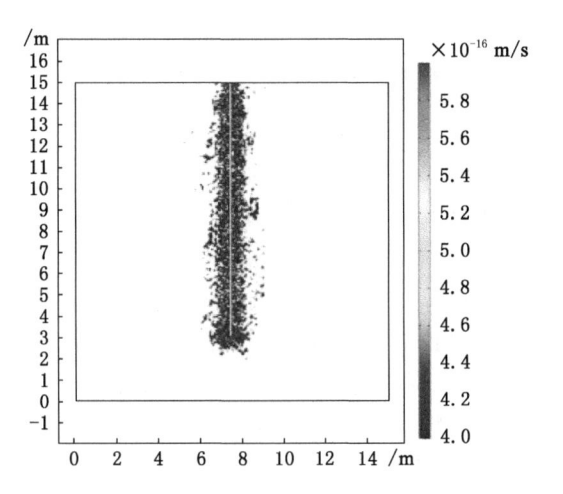

图 8-9　压力 2.0 MPa 注浆半径模拟结果

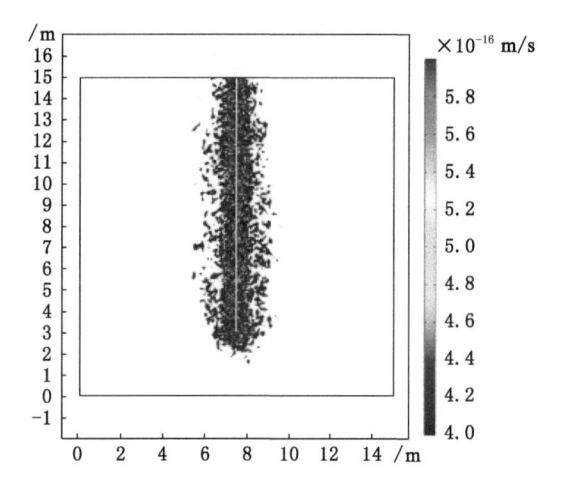

图 8-10 压力 2.5 MPa 注浆半径模拟结果

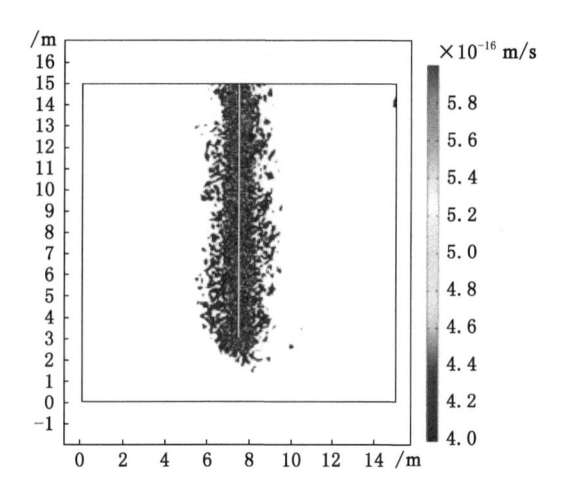

图 8-11 压力 3.0 MPa 注浆半径模拟结果

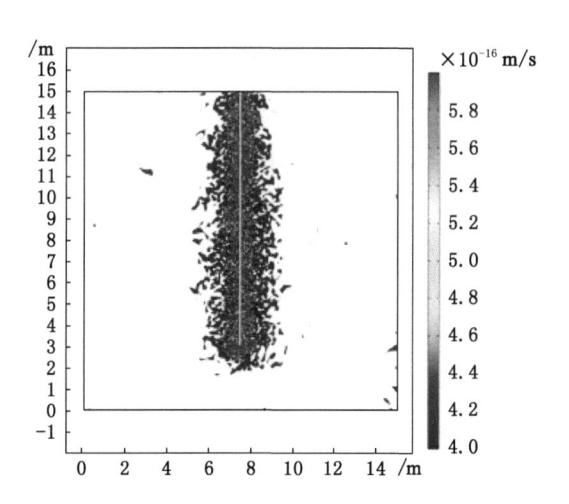

图 8-12 压力 3.5 MPa 注浆半径模拟结果

表 8-2 不同注浆压力条件下的注浆半径

注浆压力/MPa	1.0	1.5	2.0	2.5	3.0	3.5
注浆半径/m	0.4	0.8	1.1	1.6	1.8	1.9

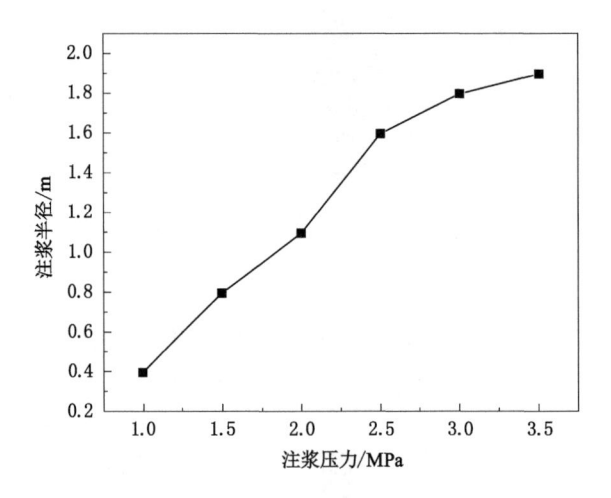

图 8-13 注浆压力对注浆半径影响趋势图

通过分析不同注浆压力下的注浆半径数值及影响趋势图可知,当注浆压力增加时浆液注浆半径也增加,而当注浆压力持续增加时,注浆半径的增幅减小。因此,可判断出注浆压力是注浆半径的重要影响因素,注浆压力与注浆半径呈非线性正相关关系。

同样采用单一变量法,判断其他因素对注浆半径的影响。分别对孔隙率、渗透率、动力黏度、注浆管长及注浆管径进行多次数值模拟计算,并分析变化规律。

考虑矸石间的孔隙率和渗透率因素对注浆半径的影响,其他各项参数数值不变:只改变孔隙率的大小,分别在孔隙率为 0.2、0.25、0.3、0.35、0.4 的条件下进行一组注浆半径数值模拟计算;只改变渗透率的大小,分别在渗透率为 0.8×10^{-9} m^2、1.1×10^{-9} m^2、1.4×10^{-9} m^2、1.7×10^{-9} m^2、2×10^{-9} m^2 的条件下进行另一组注浆半径数值模拟计算。浆液在不同孔隙率及渗透率条件下的注浆半径如表 8-3 所示。矸石孔隙率和渗透率对浆液注浆半径的影响趋势图如图 8-14 和图 8-15 所示。

表 8-3 不同孔隙率、渗透率条件下的注浆半径

矸石孔隙率	0.2	0.25	0.3	0.35	0.4
不同矸石孔隙率下的注浆半径/m	1.2	1.4	1.6	1.9	2.3
矸石渗透率/m^2	0.8×10^{-9}	1.1×10^{-9}	1.4×10^{-9}	1.7×10^{-9}	2×10^{-9}
不同矸石渗透率下的注浆半径/m	0.9	1.2	1.6	1.9	2.1

通过分析不同孔隙率条件下的注浆半径模拟结果及影响趋势图可知,在孔隙率为 0.2～0.4 的注浆过程中,注浆半径随着矸石孔隙率的增大而增大,但并非线性增大。通过分析不同渗透率条件下的注浆半径模拟结果及影响趋势图可知,随着渗透率的增大,注浆半径也增大但非线性增加。因此,可确定孔隙率和渗透率对注浆半径的影响较大,均是影响注

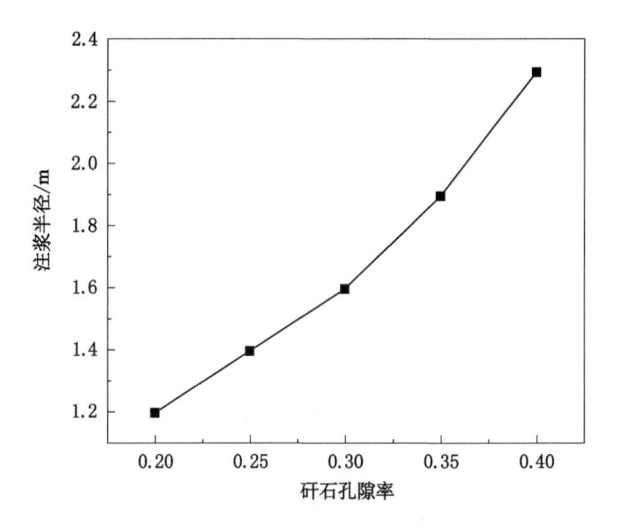

图 8-14　矸石孔隙率对注浆半径影响趋势图

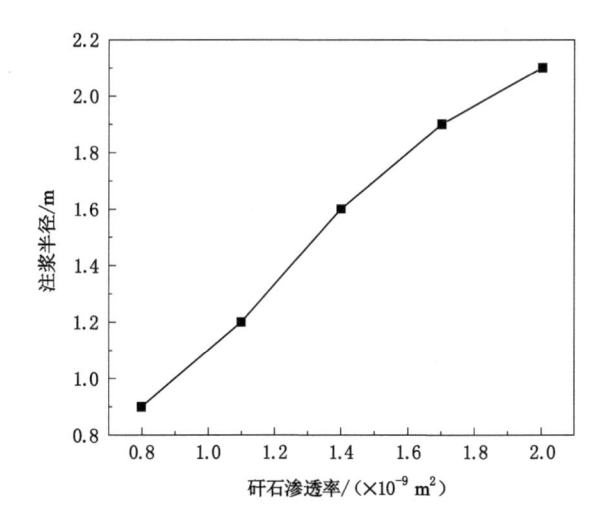

图 8-15　矸石渗透率对注浆半径影响趋势图

浆半径的重要因素,矸石间的孔隙率和渗透率与注浆半径均呈非线性正相关关系。

考虑注浆浆液动力黏度对注浆半径的影响情况,在浆液动力黏度为 0.018 Pa·s、0.023 Pa·s、0.028 Pa·s、0.033 Pa·s 以及 0.038 Pa·s 条件下进行注浆半径数值模拟计算,浆液在不同动力黏度条件下的注浆半径如表 8-4 所示。浆液动力黏度对浆液注浆半径的影响趋势图如图 8-16 所示。

表 8-4　不同浆液动力黏度条件下的注浆半径

浆液动力黏度/(Pa·s)	0.018	0.023	0.028	0.033	0.038
注浆半径/m	2.3	1.9	1.6	1.4	1.1

通过分析不同动力黏度条件下的注浆半径模拟结果及影响趋势图可知,随着浆液动力

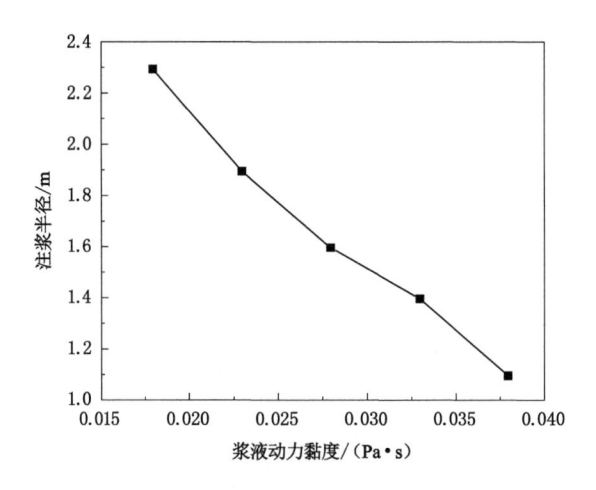

图 8-16 浆液动力黏度对注浆半径影响趋势图

黏度的增大,注浆半径减小。浆液动力黏度对注浆半径有较大影响,是注浆半径的重要影响因素,浆液动力黏度与注浆半径呈非线性负相关关系。

最后分析注浆管对注浆半径的影响,分别研究注浆管长与注浆管直径对注浆半径的影响。在注浆管长为 8 m、10 m、12 m、14 m、16 m 条件下分别进行多次注浆半径数值模拟计算;在注浆管直径为 0.068 m、0.088 m、0.108 m、0.128 m、0.148 m 条件下进行另一组注浆半径数值模拟计算。浆液在不同注浆管长及注浆管直径条件下的注浆半径如表 8-5 所示。注浆管长和注浆管直径对浆液注浆半径的影响趋势图如图 8-17 和图 8-18 所示。

表 8-5 不同注浆管长、注浆管直径条件下的注浆半径

注浆管长/m	8	10	12	14	16
不同注浆管长下的注浆半径/m	1.6	1.6	1.6	1.6	1.6
注浆管直径/m	0.068	0.084	0.108	0.128	0.148
不同注浆管直径下的注浆半径/m	1.8	1.7	1.6	1.4	1.2

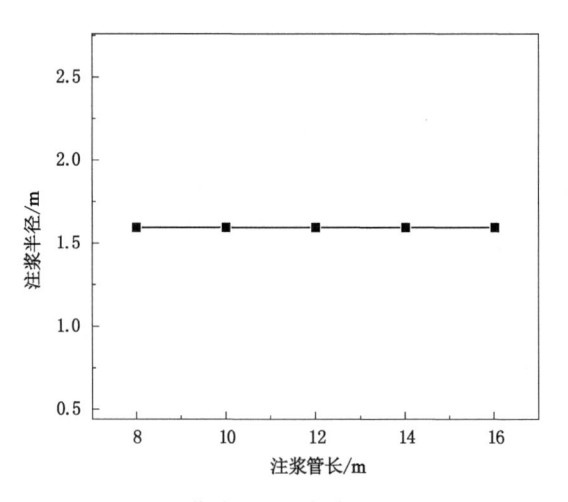

图 8-17 注浆管长对注浆半径影响趋势图

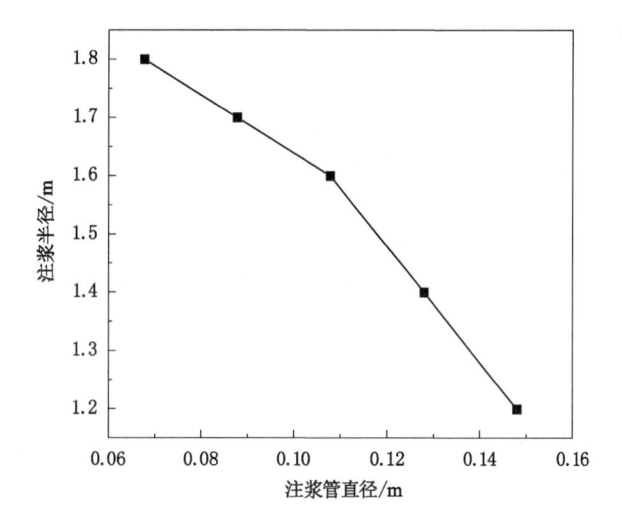

图 8-18 注浆管直径对注浆半径影响趋势图

通过对注浆管长为 8~16 m 条件下的数值模拟结果及影响趋势图分析可知,注浆管长发生变化时,注浆半径并未发生明显变化,在注浆过程中注浆管长对注浆半径没有明显的影响。通过对注浆管直径为 0.068~0.148 m 条件下的数值模拟结果及影响趋势图分析得知,随着注浆管直径的增大,注浆半径减小。因此,可确定注浆管直径对注浆半径的影响较大,注浆管直径是注浆半径的重要影响因素,注浆管直径与注浆半径呈非线性负相关关系。

8.4 火区温度对注浆半径的影响

火区温度同样也是影响浆液注浆半径的重要因素,矸石山发生严重自燃时内部温度较高,甚至超过 1 000 ℃,在高温条件下进行注浆治理,会对浆液性能及注浆半径产生较大的影响。

自燃矸石山内部温度较高,在热传导的作用下,注浆管也具有较高的温度,在注浆过程中浆液流经注浆管时浆液的水分便开始持续蒸发,浆液的水灰比降低,浆液变得黏稠,浆液的流动度减小、动力黏度变大。浆液越黏稠,浆液在扩散过程中所受到的阻力就越大,浆液的注浆半径会变小而影响治理效果。温度越高对浆液动力黏度及流动性的影响越大,致使浆液的注浆半径越小,火区温度与注浆半径呈非线性负相关关系。

温度同样会对浆液发生水化反应的时间产生影响。宗正阳通过试验的方法探究温度对浆液胶凝时间的影响,结果表明,浆液水灰比相同时,温度越高浆液的胶凝时间越短,当水灰比增加时浆液的胶凝时间也增加,可确定温度通过影响浆液的含水率和水化反应速率进而对浆液的胶凝时间产生影响。在矸石山注浆治理过程中,温度会影响浆液的含水率,浆液的含水率不同,浆液进行水化反应的时间及速率也不同,温度越高浆液的含水率下降越快,浆液的反应时间就越短,未经过充分反应则浆液生成的胶凝物质较少,注浆后的强度也会有所下降。

在注浆治理过程中为减小火区温度对注浆半径造成的影响,可以根据火区温度适当选择浆液的水灰比,温度越高浆液的水灰比应适当增大,或选用先注水降温再进行注浆治理的方法。

8.5 两种计算方法的对比分析

对设定条件下的注浆过程进行注浆半径理论计算,求得注浆半径为 1.7 m,而数值模拟在相同条件下的注浆半径计算结果为 1.6 m,对比可知,利用理论计算与数值模拟计算两种方法对矸石山注浆半径进行计算,计算结果并非完全相同。为使两种计算方法的对比分析结果更准确,分别利用两种计算方法进行多次注浆半径计算,根据计算结果对两种计算方法进行对比分析。以设定的注浆过程参数条件为基础,并改变其中某一项参数的数值,设置多组不同的注浆条件,在每种条件下分别进行注浆半径理论计算及数值模拟计算。注浆条件及两种计算方法求得的注浆半径如表 8-6 所示。

表 8-6　不同注浆条件下两种计算方法的注浆半径计算结果

注浆条件	注浆半径理论计算结果/m	注浆半径数值模拟计算结果/m
标准注浆条件	1.7	1.6
注浆压力变为 3.5 MPa	2.1	1.9
孔隙率变为 0.4	2.3	2.3
渗透率变为 2×10^{-9} m^2	2.2	2.1
浆液动力黏度变为 0.038 Pa·s	1.3	1.1
注浆管直径变为 0.148 m	1.3	1.2

通过对不同注浆条件下两种计算方法求得的注浆半径结果进行分析可知,理论计算结果普遍高于数值模拟计算结果,但两种计算结果相差并不大。分析产生误差的原因在于,处理数值模拟计算结果时,将只有单侧发生扩散或只有少量、小部分的浆液扩散结果舍弃了,并且部分理论计算条件为理想状态,多种原因综合影响导致数值模拟计算结果偏低。两种计算结果的误差在允许范围之内,可以取两种计算结果中的最小值作为此种条件下矸石山注浆的有效注浆半径。

9 矸石山注浆灭火治理应用

9.1 矸石山自燃情况

乌海矿区某洗煤厂年平均分选煤炭 260 万 t，自 2007 年开始投产排矸，2012 年停止排矸，矸石采用自然倾倒、平地起堆的方式堆积而成矸石山，空间上分台阶呈梯形体状态，平面上近似梯形。图 9-1 为矸石山无人机航拍图，该矸石山的坡面面积为 16.4 万 m^2，矸石量约 400 万 m^3，矸石山顶部面积为 11.57 万 m^2，底部占地面积为 16.67 万 m^2，平均高差为 32 m，平均坡度为 36°，最大坡角为 38°。

图 9-1 矸石山航拍图

该矸石山在排矸阶段未进行任何覆盖及碾压处理，发生严重自燃，从而破坏影响周边大气环境。2014 年对该矸石山表面进行黄土覆盖处理，自燃得到缓解，但矸石山内部自燃仍在持续(图 9-2)，多处表土被烧焦成黑色，且有很多黄色硫化物析出，矸石山周边弥漫着刺激的二氧化硫味道。该矸石山毗邻国家自然保护区，矸石山自燃治理对当地生态保护至关重要。

图 9-2 黄土覆盖治理后复燃的矸石山

9.2 治理目标及技术路线

（1）治理目标

该自燃矸石山具有堆积高、占地面积大、燃烧时间跨度长、燃烧范围大、燃烧深度较深的特性，注浆灭火是最佳的治理方案。基于前期研究基础，采用煤基固废作为注浆灭火原料，根据矸石山火区分布范围详细优化注浆钻孔布置，实现精准注浆灭火。灭火后矸石山内部温度降至 80 ℃以下，达到矸石山不可自燃条件的安全温度。

对矸石山进行整形及复垦绿化可减少矸石山表面的水土流失，进一步防止矸石山复燃的发生。植被出苗率达到 90%，与周边自然保护区形成有机的整体，从而改善周边的生态环境。

（2）技术路线

通过热成像表面温度监测与钻孔内实测相结合，判定矸石山内部火区横、纵分布范围，基于内部火区分布特征制备灭火浆液，优化注浆钻孔布置，完成注浆灭火作业。灭火后对矸石山进行内部温度监测，以及进行风道监测、复垦监测，形成因地制宜、适宜当地生态环境发展的煤基固废低成本协同治理矸石山自燃技术。技术路线如图 9-3 所示。

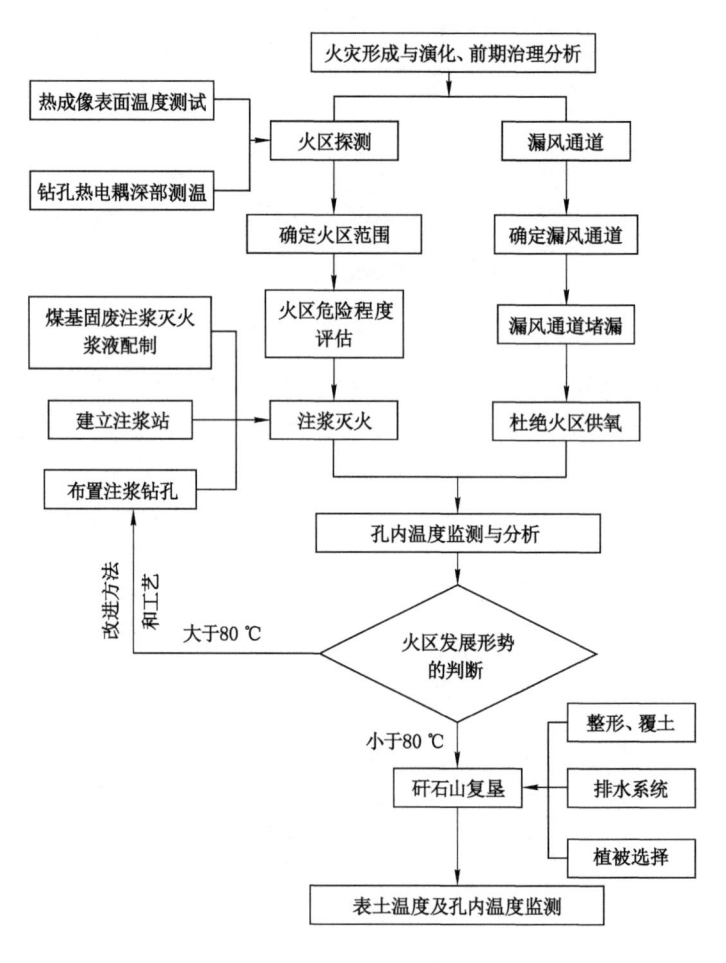

图 9-3　技术路线

9.3 自燃矸石山范围探测及危险程度评估

注浆过程中如果浆液没有渗流到火区,矸石山内部火源依然存在,后期存在极大的复燃隐患。注浆过程中浆液遇到高温火区迅速蒸发产生水蒸气,积聚的水蒸气若不能及时扩散,可能会导致矸石山爆炸危险。为了保证注浆施工的安全性、灭火的精准性,为矿山企业精准的矸石山自燃治理提供依据,需要对矸石山的火区分布进行详细勘测,并作出危险程度评估。

结合自燃煤矸石山实际情况,目前采用温度法判断火区范围及危险程度是最直接有效的方法。采用热成像仪初步圈定矸石山的火区范围,在矸石山布置若干探测钻孔,用热电偶测出钻孔内从浅部到深部整体温度变化情况,获得温度变化梯度规律,对纵向、横向的温度变化均作详细记录和变化趋势分析,准确获得高温区范围和深度。由温度情况及其变化规律反演矸石山内部火区的准确位置、火区的发展程度、火区危险程度和火区范围,为注浆钻孔布置和灭火措施制定提供有力的保障和技术指导。具体方法示意如图 9-4 所示。

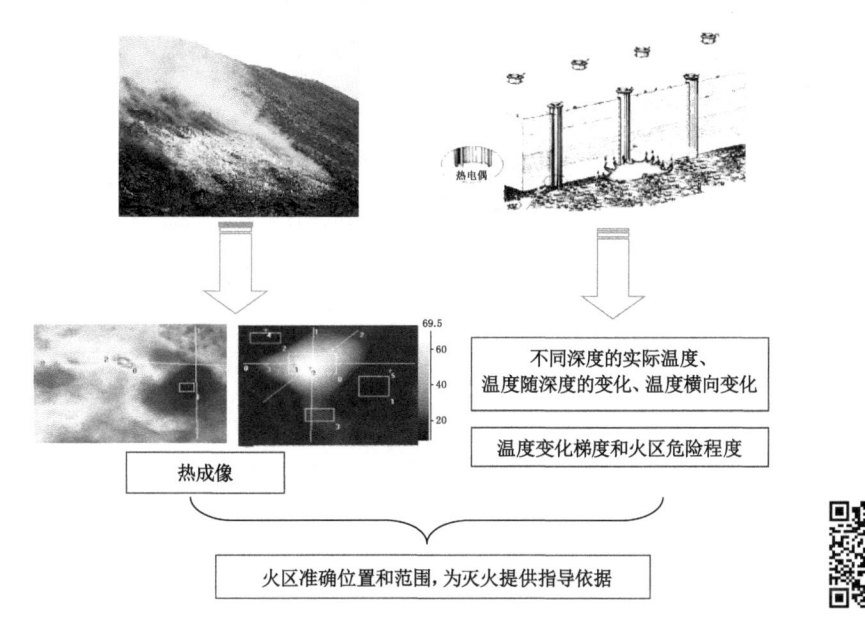

图 9-4 火区范围探测示意图

（1）矸石山表面温度监测

监测仪器:FLIR T365 型红外热像仪、HT-9815 型热电偶温度计、AS852B 型非接触式红外测温仪。

使用 FLIR T365 型红外热像仪对矸石山表面进行全面监测,为了减少太阳光反射的影响,分别在早晨 6—8 时,晚间 9—11 时,沿矸石山环绕一圈进行拍摄。

测量前对红外热像仪参数进行调节,矸石山表面由黄土覆盖,泥土的发射率为 0.92～0.96,因此将设备的辐射率调至 0.94。查询乌海当地气象资料,早晨测量时将红外热像仪的各项参数调至反射温度为 21 ℃,相对湿度为 50%,大气温度为 21 ℃;晚间测量时将红外热像仪的各项参数调至反射温度为 24 ℃,相对湿度为 33%,大气温度为 25 ℃。测量时,首先将红外热像仪的物距比调至 30∶1,站在测量点拍摄;然后将物距比调至 50∶1,站在测量点拍摄,如图 9-5 所示。

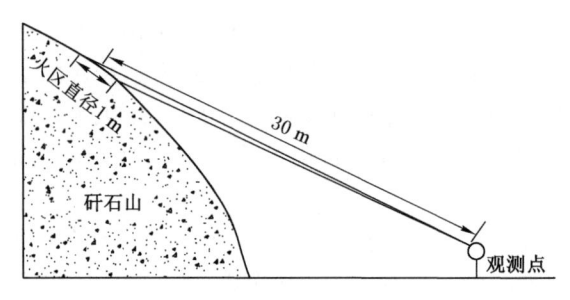

图 9-5 热成像拍摄示意图

通过红外热成像对矸石山表面监测寻找自燃火区,如图 9-6 所示。成像结果表明,火区位置大多处于矸石山的中上部,在西北坡存在高温区,出现两个高温带,南坡火区不明显,但是沟壑处温度较高,东南坡拐角处坡面出现一个火区,温度相对较高。将高温带挖开一定深度,用热电偶测量其温度,如表 9-1 所示,随着深度加深温度呈现逐渐升高的趋势,这表明矸石山内部自燃现象严重。

表 9-1 矸石山内部温度

深度/m	热电偶温度 T_1/℃	热电偶温度 T_2/℃	热电偶温度 T_3/℃	热电偶温度 T_4/℃
0.5	81.5	83.1	82.8	85.5
0.6	85.6	84.3	86.5	84.8
0.7	125.3	128.3	127.6	128.4

基于红外热像仪和热电偶温度计的测温情况,可以将矸石山的火区分区分级,这对编制工程预算、确定浆液浓度及合理布置钻孔具有指导意义。

(2) 矸石山内部火区探测

因矸石山内部供氧通道互相连通,且实时发生变化,燃烧过程复杂多变,表面温度分布情况难以翔实反映矸石山内部火区温度、深度、燃烧范围等具体情况,注浆灭火之前需要进行地质勘探以得出详细火区分布情况。

基于矸石山表面温度分布特征,从低温火区某点开始,距离台阶边缘 2 m 处每隔 20 m 依次布置孔深 24 m 的勘测钻孔(注:孔深不超过台阶垂直高度),孔径为 108 mm,该孔也可作为注浆孔使用。使用热电偶每间隔 3 m 测量一次孔内温度,以记录孔内不同深度的温度变化,从而掌握矸石山内部火区的具体分布情况。

表 9-2 为部分勘测钻孔数据,从勘探结果分析得出,火区呈现垂直方向埋藏较深且水平方向分布广泛的特点。矸石山北面存在特高温区,在孔深 15 m 处温度超出热电偶的测量范围,达到 1 000 ℃以上。矸石山内部温度呈现出从地表向下延伸至 15 m 深处时逐渐升高的趋势;而在超过 18 m 深度之后,火区温度则逐渐下降,形成了一种中间温度高而两端温度较低的分布模式,这表明火源位置主要处于孔深 9~15 m 范围内。

9 矸石山注浆灭火治理应用

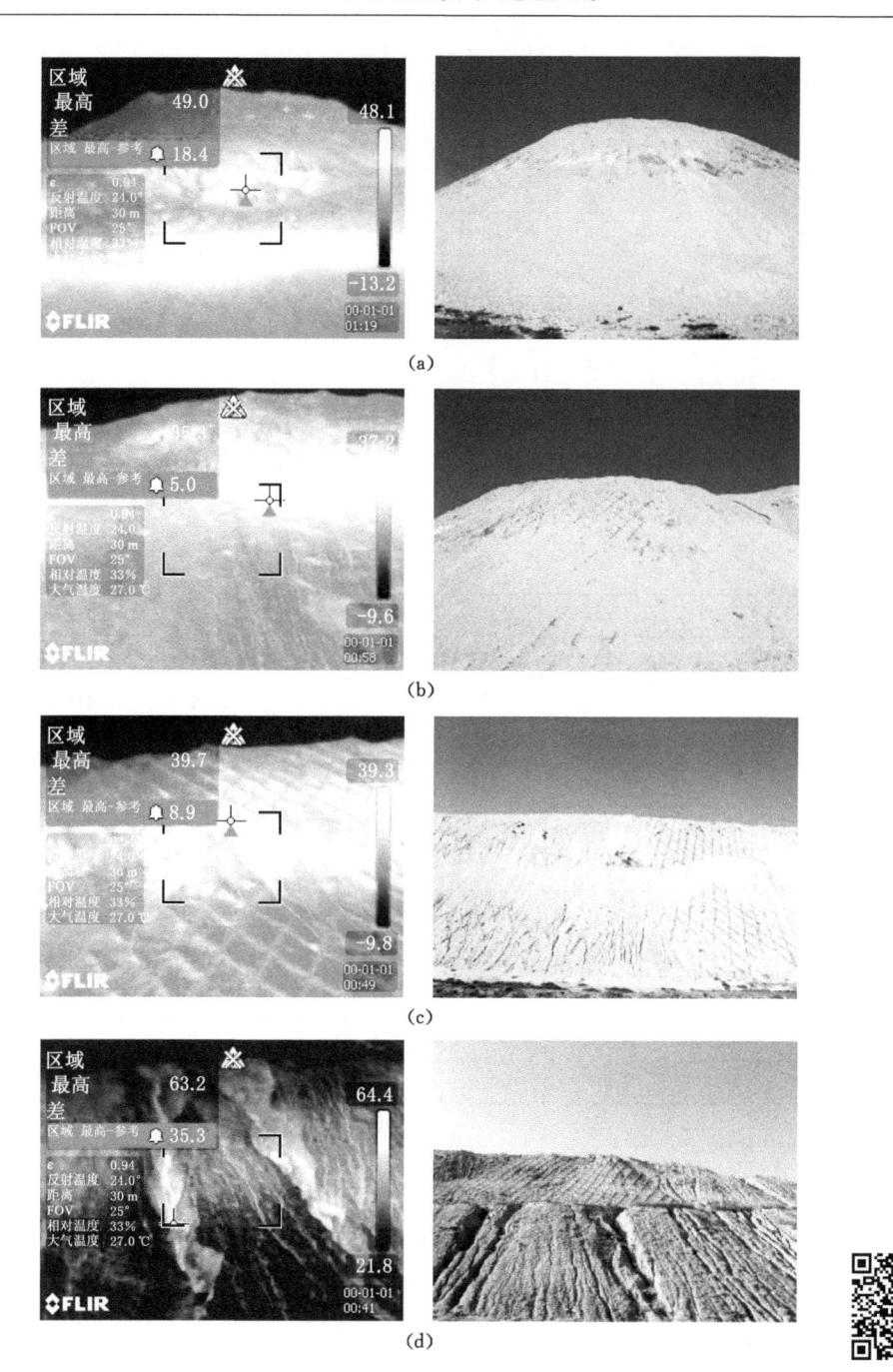

图 9-6 矸石山不同坡面的红外热成像图

表 9-2 勘测钻孔内温度分布

孔号	温度/℃							
	孔深 3 m	孔深 6 m	孔深 9 m	孔深 12 m	孔深 15 m	孔深 18 m	孔深 21 m	孔深 24 m
东-1	280	320	290	360	400			
东-2	190	220	270	290	350			

表 9-2(续)

孔号	温度/℃							
	孔深 3 m	孔深 6 m	孔深 9 m	孔深 12 m	孔深 15 m	孔深 18 m	孔深 21 m	孔深 24 m
东-3	243	294	334	335				
东-4	240	265	285	360				
东-5	290	345	480	560				
东-6	410	570	527	490				
东-7	405	450	530	515				
东-8	290	370	490	492				
东-9	357	442	482	463				
东-10	373	437	493	468				
南-1	132	215	278	285	295	286	256	221
南-2	66	71	122	140	149	148	129	
南-3	133	144	237	289	300	289	272	256
南-4	135	141	170	209	228	220	210	180
南-5	290	362	417	485	512	446	353	290
南-6	295	415	462	513	538	488	392	295
南-7	326	446	489	474	422	358	313	
南-8	294	413	464	487	492	475	358	
南-9	283	356	381	395	391	363	316	
南-10	299	414	457	493	514	483	378	
西-1	410	425	391	348	329	282	243	212
西-2	385	509	746	765	783	589	531	463
西-3	287	445	516	590	567	483	423	367
西-4	467	665	737	777	733	564	462	368
西-5	181	283	355	406	427	372	322	271
西-6	369	435	522	821	733	712	532	375
西-7	268	360	443	489	563	458	403	376
西-8	368	415	496	810	700	787	564	389
西-9	261	349	426	473	556	449	385	362
西-10	435	628	557	745	698	781	554	398
北-1	329	462	583	715	>1 000			
北-2	321	457	572	717	>1 000			
北-3	316	457	577	715	>1 000			
北-4	334	461	589	719	>1 000			
北-5	327	456	578	709	>1 000			
北-6	319	455	573	714	>1 000			
北-7	324	473	583	711	>1 000			

表 9-2(续)

孔号	温度/℃							
	孔深 3 m	孔深 6 m	孔深 9 m	孔深 12 m	孔深 15 m	孔深 18 m	孔深 21 m	孔深 24 m
北-8	567	678	757	647	577	527	476	422
北-9	263	341	418	466	545	439	380	358
北-10	327	420	521	589	565	489	440	377

注:热电偶的测温范围为-100～1 000 ℃,超过 1 000 ℃测温数据无效。

9.4 注浆施工工艺

通过对矸石山表面温度监测及深孔温度探测结果进行分析,圈定矸石山的火区位置、温度分布情况,结合矸石的自燃特性,制定行之有效的注浆灭火施工工艺。

矸石山自燃区域的注浆灭火治理效果取决于注浆钻孔的优化布置及注浆性能,需要根据矸石山的地形特征、火区分布情况合理优化注浆程序。

9.4.1 注浆机具、器材

(1) 注浆泵

注浆泵采用 BW250 型卧式三缸往复单作用活塞泵。注浆泵参数:流量 250 L/min,注浆最大压力 2.5 MPa,电机功率 15 kW,电压 380 V/220 V。

(2) 搅拌机和浆液池

配备 4 台 LJ-300 型搅拌机供制作浆液使用。

(3) 注浆输送管

注浆输送管采用 ϕ50 mm 高压胶管,采用管件连接,最大承受压力 2.5 MPa。

所有注浆设备均具有完整的出厂合格证及证明文件。

9.4.2 施工流程

根据火区的位置选定平整坡面作为操作平面,若无合适的平整坡面则要对矸石山进行削坡处理,形成新的平面作为操作平面,并且形成通道方便运输车辆通过。在山脚下建造蓄水池及水站,要确保在制备注浆浆液过程中持续有水源供应。注浆施工工艺的流程图如图 9-7 所示。注浆过程可分为浆液制备、注浆钻孔布控、加压注浆三个环节。

为确保注浆治理过程顺利进行,在矸石山顶建造一个大型工作站,分为储料仓、一级搅拌区域(图 9-8)、二级搅拌区域(图 9-9)、加压运输区以及矸石山配电区。储料仓可确保物料在配置浆液的过程中不会产生大量的粉尘扩散到外界,并且在下雨或风沙天气也不会使物料受到损伤而影响浆液性能。

(1) 注浆浆液制备

为保证注浆作业的连续性,在一级搅拌区设置 2 个搅拌池持续为二级搅拌区提供浆液。将称重的物料、水投入一级搅拌区搅拌 5 min 后输送至二级搅拌区继续搅拌,确保浆液处于搅拌充分的状态,防止浆液发生离析而影响稳定性,且随时可向注浆区提供浆液。

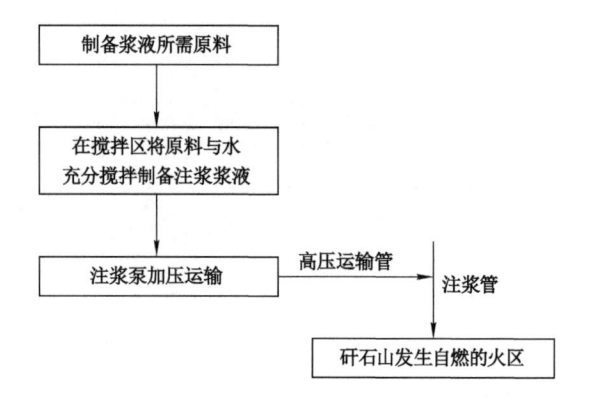

图 9-7 注浆施工工艺流程图

图 9-8 矸石山注浆现场一级搅拌区

图 9-9 矸石山注浆现场二级搅拌区

在现场制备注浆浆液过程中,为确保注浆治理后矸石与浆液形成的浆固体具有较高的强度,选择正交试验确定的注浆浆液最佳强度配比制备注浆浆液,按照粉煤灰、脱硫石膏、水泥、电石泥的质量比为 7∶2∶3∶1 添加原料。现场制备注浆浆液的水灰比,要根据矸石山内部的温度情况进行调节。在向火区温度超过 800 ℃的超高温区注浆时,浆液注入注浆管受到高温的影响水分迅速蒸发,变成高黏度低水分的泥浆,流动度骤减,会使浆液在持续高温作用下变为固体而造成注浆管堵塞、注浆失败。

在注浆过程中为避免火区温度对治理效果的影响,根据前期勘探的火区的温度情况调整浆液的水灰比,温度越高浆液的水灰比也应越大,以确保浆液具有良好的流动性,从而对矸石的缝隙进行填充。矸石山火区温度不超过100 ℃时,制备水灰比为1.3的注浆浆液进行注浆治理,浆液的主要作用是充填矸石山内部孔隙,隔绝空气进入而抑制矸石山自燃。当火区温度为100~300 ℃时,制备水灰比为1.5的注浆浆液进行注浆治理。当火区温度为300~500 ℃时,制备水灰比为1.7的注浆浆液进行注浆治理。火区温度超过500 ℃时,对该火区先注水进行降温处理,将温度降到500 ℃以下再进行注浆治理,注水降温后选用水灰比为1.7的注浆浆液进行注浆治理。

在现场制备浆液的过程中取不同水灰比的注浆浆液,分别进行流动度、析水率的测试,检测结果表明在现场制备的注浆浆液均具有良好的流动性及稳定性,完全可以用于现场的注浆治理。

(2) 注浆孔布孔

通过对棋盘井矸石山注浆过程进行理论计算及数值模拟计算,可确定浆液的有效注浆半径为1.6 m。现场制备注浆浆液过程中浆液的水灰比适当增加,致使浆液的动力黏度减小。根据浆液动力黏度与注浆半径呈非线性负相关关系可知,现场注浆过程中浆液的有效注浆半径变大。为了确保注浆完全不留下死角,仍以注浆半径为1.6 m进行布孔。将处于同一排的注浆孔孔间距定为3 m,相邻排的每个注浆孔布置在前一排的两个注浆孔中间,在注浆半径为1.6 m的限制下,每排注浆孔的间距不得超过2.16 m,否则存在注浆死角,注浆不完全,因此将每排注浆孔的间距定为2 m,呈梅花桩式交错排布,如图9-10所示,当火区温度高于500 ℃时可适当减小注浆孔的间距以确保注浆完全。这样既能确保浆液到达火区的每个位置,又能在确保注浆效果的前提下布置最少的注浆孔,减少经济成本。

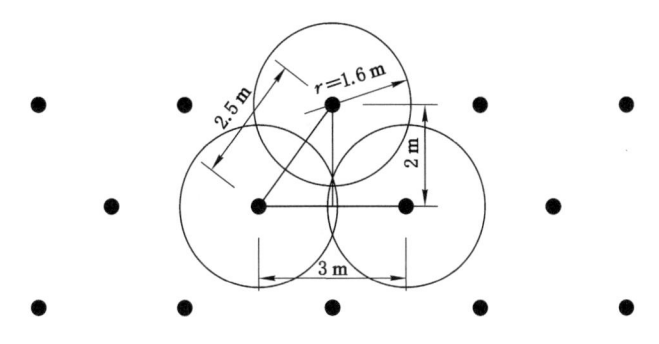

图 9-10 矸石山注浆注浆孔布置图

明确注浆孔的布置方式后,需要根据该布置条件下浆液的有效注浆范围结合矸石山火区面积确定注浆孔的排数。同一排注浆孔间距为3 m且采用梅花桩式交错布置时,单排布置注浆孔形成的有效注浆宽度为1.11 m,双排注浆孔形成的有效注浆宽度为3.11 m,三排注浆孔形成的有效注浆宽度为5.11 m,如图9-11所示。每排注浆孔的间距固定为2 m,可知多排注浆孔形成的有效注浆宽度呈首项为1.11 m,公差为2 m的等差数列分布。注浆孔的排数与矸石山火区的宽度应满足以下关系式:

$$D < 1.11 + 2(n-1) \tag{9-1}$$

式中 D——矸石山火区的宽度,m;
n——注浆孔的排数(大于或等于1的正整数)。

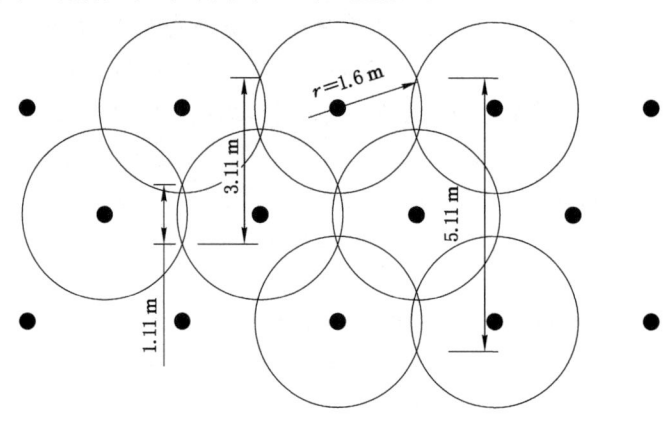

图 9-11 有效注浆宽度

根据注浆治理处火区的宽度,用式(9-1)求出满足条件的最小正整数,便是该火区宽度下注浆孔布置的排数。以矸石山半山处坡面的火区为例,此火区的宽度为 2.8 m,因此根据火区宽度及注浆孔排数的关系式可确定,此处需要布置两排注浆孔。同一排注浆孔的间距为 3 m,依次布置每排注浆孔,直至超过火区的长度,至此现场的注浆孔布置完成,如图 9-12 所示。在此布置方式下进行注浆治理,既不会发生由于打孔过多造成的资源浪费问题,又可确保有充足的浆液能够充满矸石山整个火区,为矸石山注浆治理提供有效保障。

图 9-12 现场注浆孔布置图

注浆孔的深度随矸石山内部温度变化及垂直高度进行调整,注浆孔在洞口处预留出 30 cm 左右以便后续注浆施工。注浆孔形成以后安装法兰,防止空气从注浆孔进入矸石山内部,安装完成后将注浆管周围的区域挖出直径 80 cm 左右深 30 cm 左右的坑,坑中灌入水泥浆液待其凝固后再进行注浆,用来提高注浆管的稳定性,防止在注浆压力下注浆管的下沉或晃动,如图 9-13 所示。成孔后将注浆头安装在注浆管的法兰上,开始注浆施工。

(3)加压注浆

二级搅拌池的浆液由加压运输区的 4 台 2.5 MPa 注浆泵抽送至注浆区域,注浆泵的输

图 9-13　矸石山注浆现场孔口处理图

送流速可调,根据具体注浆情况设定。待浆液从其他裂隙层溢出或从注浆口溢出则表示注浆口已注满,如图 9-14 所示。重复操作向下一个注浆管注浆。定期进行温度监测判断火区温度情况,若火区温度未发生明显下降则要进行二次注浆。

图 9-14　矸石山注浆现场注浆图

由于矸石堆放孔隙率较低,单次注浆无法满足灭火效果,需要根据现场实际情况进行多序注浆才能保证灭火效果。注浆按照布孔顺序从两边向中间依次进行,第一序注浆完后根据现场孔内温度变化进行通孔,再进行第二序、第三序注浆,直至钻孔内温度降至 80 ℃以下。每个钻孔通孔时间间隔不小于 2 d。

刚开始注浆时,压力不能太大,整体注浆压力控制在 1.0 MPa 左右,最大压力不超过 2.5 MPa,压力表采用控制阀进行压力控制。

9.5　漏风通道判断及堵漏风

注浆灭火后矸石山内部留存大量热量,且仍存在漏风通道,因此灭火后极易出现复燃,必须进行漏风通道判断及堵漏风。

造成漏风的主要原因是漏风通道两端存在压差。至于矸石山的漏风及热量积聚的环境,则与矸石山周围环境和堆积形式有关。矸石山在堆积过程中均存在粒度偏析,使矸石山内部形成漏风通道,导致矸石山产生"烟囱效应"(图 9-15)。漏风通道的形成,保证了矸石山中煤或黄铁矿在低温下氧化所需要的氧气。氧化反应产生热量,一部分由于"烟囱效应"随空气带出,而另一部分则积聚在矸石中。当矸石山中某一局部温度达到矸石燃点时即引起自燃,并向四周蔓延。

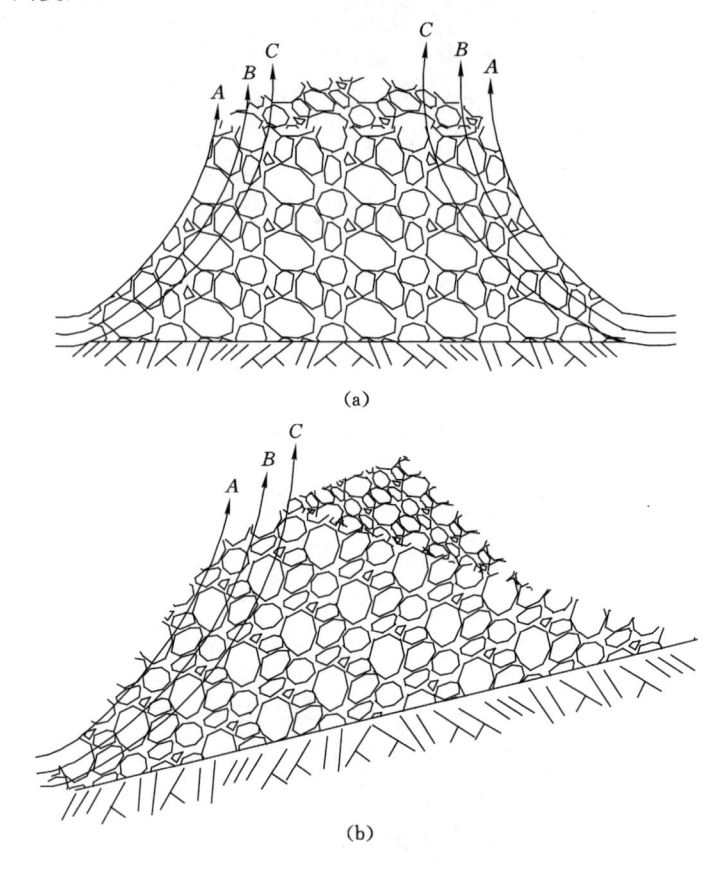

图 9-15 "烟囱效应"和"粒度偏析"导致的漏风示意图

矸石山自燃导致其内部形成空洞/通道,且错综复杂。此外,常年自然风量风压变化无常,漏风程度也变化无常,给自燃高温区的灭火工作带来了难度。为此,采用微风仪人工排查漏风通道。具体包括:

① 对矸石山底部、斜坡可能存在的漏风通道进行排查。

② 结合钻孔注浆后斜坡表面上渗水的情况确定漏风通道,对漏风通道打短钻孔注水泥砂浆,形成浇灌层封堵,降低矸石山内部火区自然风压差,减弱火区漏风与置换气体能力。

9.6 注浆治理后的效果

注浆孔注浆完毕后,根据现场实际情况留置若干永久测温孔(对这部分注浆孔进行扫孔),用于观测矸石山内部温度变化。此测温孔钢管外露口用盲板封堵,测温时打开盲板。其余注浆孔必须完全封堵,防止空气由注浆孔进入矸石山内部,引起矸石山的复燃。

注浆后矸石山内部火区逐渐熄灭,热量逐渐消散,这需要一定的时间。注浆完成后每周至少进行两次温度监测(图 9-16),以掌握火区温度情况,在治理后的第 30 天、第 45 天及第 60 天进行温度变化监测,有代表性的监测点温度监测记录如表 9-3 所示。

图 9-16 矸石山注浆现场测温图

表 9-3 火区温度监测记录

监测点	治理前温度/℃	治理后 30 天温度/℃	治理后 45 天温度/℃	治理后 60 天温度/℃
1	245	97	72	64
2	380	108	85	67
3	510	117	75	72
4	780	131	92	68
5	>1 000	192	115	73

所有火区在治理 60 天后孔内温度均降至 80 ℃ 以下,无复燃的现象,矸石山表面温度正常,适宜进行生态复垦。

10 生态复垦方案制定与实施

10.1 生态复垦方案制定

根据《矿山环境保护与综合治理方案编制规范》(DZ/T 223—2007)及有关煤矸石山治理技术要求和本项目现场的自然条件,煤矸石堆场治理应本着安全优先、环保并重、因地制宜、生态协调的原则,科学开展调查评估、规范落实恢复治理,严格后期管理和维护,防控水土流失,避免二次污染。

本次生态复垦主要工程内容为整形、防水排水、复垦种植。

10.2 矸石山整形

① 矸石山应根据区域地形地质、水文条件、施工方式、景观要求等因素,采取削坡开级、挡护、坡面固定、滑坡防治等整形及边坡治理措施。治理后的边坡应达到稳定状态。

② 平整:由装载机和挖掘机在专人指挥下完成,保证坡顶线和坡底线的顺直,控制在一条线上,确保治理后的绿化效果;各平台平整后向坡顶线方向应形成3%的反坡,安全平台宽度不得小于3 m,严禁有杂物堆积在道路中间,平台的一端应设置作业车辆的回转场地,平整时反复碾压以加固平台。

③ 坡面整治:坡面应保证平顺自然,雨水冲刷部位回填平整。由于坡面较陡,施工以人工整治为主,并采取安全措施。整治后的坡面要满足绿化种植需求。

④ 挡土墙:在各台阶的坡顶外侧设置连续的安全挡土墙,其高度不低于运输设备最大轮胎直径的0.4倍,本矿使用的自卸卡车轮胎最大直径为1.45 m,故综合确定安全挡土墙高度不小于0.6 m,呈梯形布置,由排土场剥离物堆砌形成,顶宽0.5 m,坡度比为1∶1,便于平盘汇水集中排出,防止雨水随处冲刷排土场坡顶线。边坡挡护措施的适用条件与设计要求应执行《建筑边坡工程技术规范》(GB 50330—2013)及《生产建设项目水土保持技术标准》(GB 50433—2018)。设计剖面见图10-1。

⑤ 在渗流作用下易产生塌陷、滑坡等不良地质作用的坡段,应采取渗流疏导措施,确保边坡的稳定性。

⑥ 对易发生滑坡的坡体,应根据堆体的岩性、潜在滑动层、地下水径流条件、人为开挖情况等滑坡要素,采取削坡反压、排除地表水、控制地下水、设置抗滑桩等滑坡防治措施。

⑦ 边坡、台阶设计反坡平整:顶部平台设计反坡平整,设计反坡坡度3°左右。顶部平台除道路及较小的边坡范围外其余地段设计整平工程,部分边坡坡面由于没有进行削坡修整,设计进行相应的随坡就势整平。采用人工或机械(推土机)随坡就势平整,土地平整(反坡平

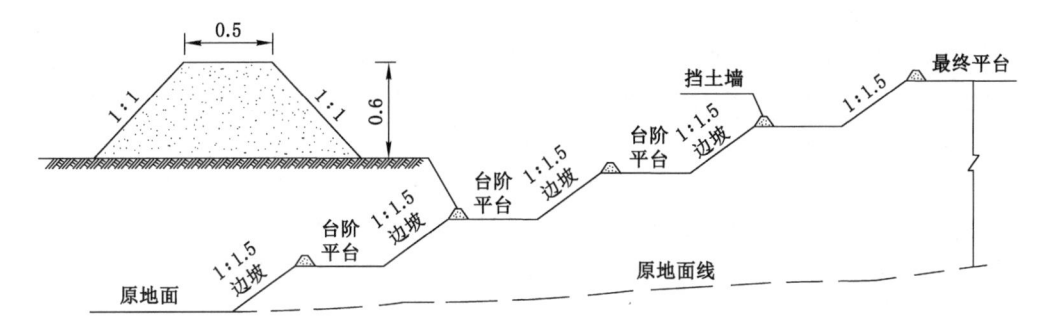

图 10-1　外排土场挡土墙设计剖面示意图(单位:m)

整)设计厚度平均为 0.1 m。

⑧ 为防止煤矸石自燃,先在已进行了削坡、平整(反坡平整)的矸石场边坡及顶部平台(不包括平台上的道路及较小的边坡范围)覆土(厚度 0.5 m),并进行压实,达到防止煤矸石自燃的要求,然后在 0.5 m 覆土的基础上再覆土 0.3 m 用于恢复植被。

待排水系统(排水沟、排水管道)、边坡台阶、顶部平台边缘道路修筑完成后,边坡坡面、台阶及边坡台阶与顶部平台边缘带恢复植被地段覆土 0.3 m,以利于种草种树恢复植被。覆土要均匀平整,达到种植植被的要求。

10.3　排水设计与施工

为了防止矸石场边坡台阶及顶部平台由于高差较大,形成局部严重积水,冲毁台阶、平台及边坡,在每层边坡上沿台阶及顶部平台外部边缘修筑挡水埂。挡水埂顶宽 0.4 m,底宽 0.8 m,高 0.5 m。顶部挡水埂下雨时汇集的雨水通过排水管排至山下。具体做法为:

① 在修坡后的每层平台,每隔 150 m 长设置一路排水管。

② 排水管为直径 200 mm 的 HDPE 双碧波纹排水管,采用橡胶圈连接;每 6 m 长设置一木桩用于固定排水管。

③ 在排水管入口设置入口装置,做法为:在排水管入口处设置 1.5 m×1.5 m 的平台,平台低于入口管底 50 mm,用 30 mm 厚的水泥砂浆抹面;在排水管入口处安装雨水篦子,防止杂物进入。

④ 在排水管出口处设置水池,做法为:在排水管出口处设置 0.8 m×0.8 m 的混凝土水池,水池壁厚 0.15 m,水池深 0.5 m,水池高出地面 0.3 m。

10.4　坡面复垦工程

矸石山复垦后的植被覆盖率应不低于当地同类土地植被覆盖率,植被类型要与原有类型相适应、与周边自然景观相协调。复垦后地形地貌应与当地自然环境和景观相协调,其植被的覆盖率应高于原有覆盖率。

依据气候条件、立地条件和植物生长特性等,选择适宜在边坡种植的绿化植物。但在具体选择植物种类时,还应遵循以下原则:

(1) 生态适宜性原则

选择边坡绿化植物应做到因地制宜,"适地适树""适地适草"。以乡土树(草)种为主,依靠充足的种源种苗,降低成本,节约资金;只要其生态适宜性符合要求,都应作为选择对象。

(2) 乔灌草相结合原则

边坡绿化可选用的植物种类较多,除了草本植物,还有灌木。以适宜的灌木为主,搭配草本植物进行坡面绿化,并注意植物种类的生物生态型的相互搭配,如浅根与深根的配合、根茎型与丛生型的搭配等,以减少植物生存竞争,保证边坡绿化的长期稳定,达到防护、生态、景观一举三得的效果。

(3) 生态保育与植物多样性并重原则

为使坡面尽快绿化,防止水土流失,在选择边坡绿化植物时,从生态保育角度出发,应选择速生性能好、固土护坡功能强的植物作为先锋物种,使其能迅速覆盖坡面;但植物种类不宜单一,在植物组合配置时要考虑先锋植物、中期植物和目标植物的搭配,如条件允许应尽可能使用灌、草以及花卉植物类,以创造立体效果好且生态稳定的边坡。

(4) 与绿化目标相符原则

边坡绿化的总体目标是固土护坡,恢复生态,但因坡面情况的不同,绿化中考虑的侧重点也不同。对于较稳定的边坡,绿化应以美化、发挥生态机能为主,可采用低矮灌木配置草本植物,营造多层立体绿化,更好地发挥其生态效益;对于土层薄、土壤干燥疏松、坡面不稳定的边坡,应选择生长迅速、短期覆盖的植物,以草本植物和小灌木为主,其发达的须根可迅速形成根毡层,达到固土、防风蚀、防雨蚀的目的;对于不稳定的边坡,应考虑选用根系延伸长、力学性能好的植物,以草、灌相结合,植物根系相互穿插,达到固坡目的。

矸石山坡面绿化是矿山治理的主要措施,也体现了绿水青山就是金山银山的生态治理理念。成功的边坡绿化具有水土保持、固土护坡,提高边坡的稳定性,恢复生态环境,改善周边环境景观的作用。

根据灌草植物护坡的原则,在护坡体系中,灌木植物应具有以下特征:植株低矮,分枝多,覆盖能力强;根系抗拉、抗剪能力强,能延伸到土体深层;抗逆性强,如抗旱、抗寒、耐盐碱、耐贫瘠等;绿期长,易养护管理,价格低廉。草本植物应具备以下特征:根系发达,须根多,分蘖性强,根系固土能力强;蔓延、覆盖性能好;生长快、绿期长,抗逆性强,耐粗放管理等。棋盘井地区年降水量200 mm。选择种植品种均具有以上特征,通过前期3~5 a管护,后期几乎不用管护植物就能够自然生长。

本次坡面选择种植的植被品种共有六种,灌木为柠条、沙棘和沙打旺,草本植物为蜀葵、冰草和紫花苜蓿。

其中,柠条耐旱、耐寒、耐高温,是干旱草原、荒漠草原地带的旱生灌丛,在肥力极差、沙层含水率为2%~3%的流动沙地和丘间低地以及固定、半固定沙地上均能正常生长。即使在降水量为100 mm的年份,柠条也能正常生长。柠条为深根性树种,主根明显,侧根根系向四周水平方向延伸,纵横交错,固沙能力很强。

沙棘具有抗风沙、耐寒、耐旱、耐瘠薄的特点,用于沙漠绿化和水土保持。

以上灌木和草本植物均采用播种种植,种植时间选择为这些植物品种的最佳播种时期,合理的植物比例搭配是成功的关键,成功的技术是保证成活率的基础,精心管护是苗木茁壮成长的必备条件。

10.5　浇灌系统设计与施工

矸石山复垦浇灌系统设置蓄水池,通过水泵输水至坡面,利用插杆式微喷进行喷灌灌溉。

从厂区内的水源点引出直径110 mm的主管网至矸石山底(厂区内的空地),在此设置一容量360 m³的蓄水池,在蓄水池中安装水泵、变频柜,将水通过管道输送至需要绿化山体顶部,保证绿化灌溉需求。

灌溉主管网为直径110 mm的PE管。从主管网引出灌溉支管网至坡面和顶部绿化部位,在坡面安装插杆式微喷头,保证坡面灌溉并防止喷灌引起的水土流失。主次管网均采用热熔连接。

10.6　生态复垦效果

生态复垦的煤矸石堆场安排专业管护人员进行浇水管护、植被维护和补植等。根据坡面复垦效果,针对出苗不全的斑秃现象,每年采取补植措施,整体复垦效果达到出苗率90%,矸石山上植被茂密(图10-2至图10-4),特别珍稀的半日花(图10-5)得以存活,这表明矸石山治理改善了生态环境,与周边自然保护区形成了有机整体。

图10-2　矸石山东面复垦效果

图10-3　矸石山俯视复垦效果

图 10-4　矸石山坡面复垦效果

图 10-5　半日花

11 项目现场实施安全措施

11.1 安全生产方针

在施工过程中必须遵守如下安全生产方针:

"安全第一,预防为主,防管结合";生产必须安全,不安全不生产的原则;先防护,后施工,无防护不施工的原则。

11.2 安全施工管理体系及安全责任落实

① 开工前,施工安全措施必须贯彻到每个施工人员,并履行签字手续。

② 实行施工人员、技术人员及项目负责人三级安全管理网络,落实安全责任,实施岗位安全生产责任制。

③ 项目负责人是施工项目安全管理的第一责任人,负责向公司领导报告安全技术工作情况。

④ 技术负责人本着"积极预防"的原则,提出并落实安全技术工作规划,对本工程安全施工负技术责任,做好各项工作的现场记录。

⑤ 各施工人员严格遵守劳动纪律、安全纪律和安全技术操作规程,严禁违章和冒险作业,服从正确指挥,对所从事的安全生产直接负责。

⑥ 每天班前会负责人必须根据当天要施工的项目布置施工注意事项和安全措施。

⑦ 对已发生的事故按"三不放过"原则认真处理。

11.3 安全施工技术及管理措施

① 所有作业人员必须牢固树立"安全第一"的指导思想,强化安全意识,加强管理,确保安全生产和施工质量。

② 由于矸石山灭火工程施工危险性较大,施工人员必须参加相关安全培训合格后方可进场作业,并由施工单位为现场作业人员办理意外伤害保险。

③ 在山顶位置和山地周边选择平整且表面温度不超过 40 ℃区域,搭建施工平台,面积 30 m²,然后铺上垫木,施工平台必须牢固平稳。

④ 作业人员必须穿戴劳保用品(工作服、防火鞋、帆布手套、防毒面具等),并佩带自救器;作业人员必须根据现场情况,选择安全的路径进入作业现场。在自燃矸石山斜坡上行走时,须对斜坡进行仔细检查,观察有无滑坡现象,在确保安全后方可行走,否则严禁行走。

⑤ 喷浆人员操作时,缓慢移动枪头自上而下作业,每次施工完把枪头清洗干净,避免枪头封堵。

⑥ 现场制浆时,加料人员要注意安全意识,加料要利索,不允许将铁锹伸入淋灰机内。

⑦ 自燃矸石山区界内下雨时应停止治理工程。

⑧ 现场灭火治理操作过程中,在矸石山自燃区域不得有人员睡觉,身体不适应者应马上撤离现场。

⑨ 施工人员对所有设备都要爱护,不得随意损坏。

⑩ 自燃矸石山治理灭火过程中,需配置若干常用烫伤药。

⑪ 施工区域应设置警戒线,注明"闲杂人员不准入内"标识。

⑫ 自燃矸石山治理灭火过程中,至少有一位施工负责人(灭火工程办公室值班人员)在现场,处理现场正常事务和突发事件。

⑬ 施工过程中,必须有专门安全负责人进行经常性检查,发现隐患及时通知施工人员停止作业,撤离作业区域。

⑭ 在施工过程中,要严格值班制度,强化现场管理,针对现场实际,发生变化及异常情况时,要及时制定补充安全措施,确保灭火工作安全。

参 考 文 献

[1] ARIOZ O,TOKYAY M,ARIOZ E,et al. Properties of fly ash-FGD gypsum-lime based products[J]. Journal of the Australian Ceramic Society,2006,42(1):13-21.

[2] BAO Y D,SUN X H,CHEN J P,et al. Stability assessment and dynamic analysis of a large iron mine waste dump in Panzhihua, Sichuan, China[J]. Environmental Earth Sciences,2019,78(2):48.

[3] BI L P, LONG G C, MA C, et al. Effect of phase change composites on hydration characteristics of steam-cured cement paste[J]. Construction and Building Materials, 2021,274:122030.

[4] DE LIMA H M,MENDANHA F O. Assessment of the effects of vegetational cover on the long-term stability of a waste rock dump[J]. REM-International Engineering Journal,2019,72(4):667-674.

[5] DU J P,ZHOU A N,SHEN S L,et al. Fractal-based model for maximum penetration distance of grout slurry flowing through soils with different dry densities[J]. Computers and Geotechnics,2022,141:104526.

[6] FRAAY A L A,BIJEN J M,DE HAAN Y M. The reaction of fly ash in concrete a critical examination[J]. Cement and Concrete Research,1989,19(2):235-246.

[7] GAO P W,LU X L,TANG M S. Shrinkage and expansive strain of concrete with fly ash and expansive agent[J]. Journal of Wuhan University of Technology-Mater Sci Ed,2009,24(1):150-153.

[8] HUANG W. Spontaneous combustion mechanism of gangue in Jingang coal mine[J]. Fuel and Energy Abstracts,2002,43(4):279.

[9] KIM M J,CHUN B,CHOI H J,et al. Effects of supplementary cementitious materials and curing condition on mechanical properties of ultra-high-performance, strain-hardening cementitious composites[J]. Applied Sciences,2021,11(5):2394.

[10] LI Y S, HU X M, CHENG W M, et al. A novel high-toughness, organic/inorganic double-network fire-retardant gel for coal-seam with high ground temperature[J]. Fuel,2020,263:116779.

[11] LIANG Y C,LIANG H D,ZHU S Q. Mercury emission from spontaneously ignited coal gangue hill in Wuda coalfield, Inner Mongolia, China[J]. Fuel, 2016, 182: 525-530.

[12] LIU J,LI P N,SHI L,et al. Spatial distribution model of the filling and diffusion pressure of synchronous grouting in a quasi-rectangular shield and its experimental

verification[J]. Underground Space,2021,6(6):650-664.

[13] LIU J X, LI W X, ZHANG F, et al. Optimization and hydration mechanism of composite cementing material for paste filling in coal mines[J]. Advances in Materials Science and Engineering,2019,2019(1):3732160.

[14] LIU S H, FANG P P, WANG H L, et al. Effect of tuff powder on the hydration properties of composite cementitious materials [J]. Powder Technology, 2021, 380:59-66.

[15] MA R F, CAI B, TAN X. Research and application of solid waste dumping calculation method in criminal cases of environmental pollution caused by illegal dumping of solid waste based on Arcgis[J]. IOP Conference Series:Earth and Environmental Science, 2020,569(1):012057.

[16] OFO N A. The impact of nutrient and heavy metal concentrations on waste dump soils in mangrove and non-mangrove forest in the Niger Delta, Nigeria[J]. Journal of Energy and Natural Resources,2019,8(3):109.

[17] PAN R K, YU M G, LU L X. Experimental study on explosive mechanism of spontaneous combustion gangue dump[J]. Journal of Coal Science and Engineering (China),2009,15(4):394-398.

[18] POON C S, QIAO X C, LIN Z S. Effects of flue gas desulphurization sludge on the pozzolanic reaction of reject-fly-ash-blended cement pastes[J]. Cement and Concrete Research,2004,34(10):1907-1918.

[19] QUEROL X, IZQUIERDO M, MONFORT E, et al. Environmental characterization of burnt coal gangue banks at Yangquan, Shanxi province, China[J]. International Journal of Coal Geology,2008,75(2):93-104.

[20] REN W X, GUO Q, YANG H H. Analyses and prevention of coal spontaneous combustion risk in gobs of coal mine during withdrawal period[J]. Geomatics, Natural Hazards and Risk,2019,10(1):353-367.

[21] TANG Y B, WANG H E. Development of a novel bentonite-acrylamide superabsorbent hydrogel for extinguishing gangue fire hazard [J]. Powder Technology,2018,323:486-494.

[22] TELESCA A, MARROCCOLI M, CALABRESE D, et al. Flue gas desulfurization gypsum and coal fly ash as basic components of prefabricated building materials[J]. Waste Management,2013,33(3):628-633.

[23] VAVERKOVÁ M D, MAXIANOVÁ A, WINKLER J, et al. Environmental consequences and the role of illegal waste dumps and their impact on land degradation [J]. Land Use Policy,2019,89:104234.

[24] WANG H Y, CHENG C F, CHEN C. Characteristics of polycyclic aromatic hydrocarbon release during spontaneous combustion of coal and gangue in the same coal seam[J]. Journal of Loss Prevention in the Process Industries,2018,55:392-399.

[25] WANG S B, LUO K L. Atmospheric emission of mercury due to combustion of steam

coal and domestic coal in China[J]. Atmospheric Environment,2017,162:45-54.

[26] WANG Y K,SUN S W,PANG B,et al. Base friction test on unloading deformation mechanism of soft foundation waste dump under gravity[J]. Measurement,2020,163:108054.

[27] WU Y G,YU X Y,HU S Y,et al. Experimental study of the effects of stacking modes on the spontaneous combustion of coal gangue[J]. Process Safety and Environmental Protection,2019,123:39-47.

[28] XIAO L G,LI R B,ZHANG S T,et al. Effects of calcium carbide sludge on properties of steam curing brick prepared by extracted aluminum fly ash[J]. Applied Mechanics and Materials,2012,174/175/176/177:1516-1519.

[29] ZHAI X W,WU S B,WANG K,et al. Environment influences and extinguish technology of spontaneous combustion of coal gangue heap of Baijigou coal mine in China[J]. Energy Procedia,2017,136:66-72.

[30] ZHENG Z,FAN F S,PAN X D,et al. Study on grouting penetration rule with filtration effect and grout-water interaction[J]. Arabian Journal of Geosciences,2021,14(18):1830.

[31] ZHOU M,DOU Y W,ZHANG Y Z,et al. Effects of the variety and content of coal gangue coarse aggregate on the mechanical properties of concrete[J]. Construction and Building Materials,2019,220:386-395.

[32] ZHOU M M,FAN F S,ZHENG Z,et al. Modeling of grouting penetration in porous medium with influence of grain distribution and grout-water interaction[J]. Processes,2022,10(1):77.

[33] 邓军,李贝,李珍宝,等.预报煤自燃的气体指标优选试验研究[J].煤炭科学技术,2014,42(1):55-59,79.

[34] 邓敏,张自政,赵涛.高水无机材料防灭火性能影响因素研究与实践[J].中国安全生产科学技术,2020,16(10):102-107.

[35] 翟小伟,赵彦辉.我国矸石山自燃防治技术发展趋势[J].煤矿安全,2014,45(12):193-196.

[36] 翟小伟,马灵军,朱国忠,等.煤矿矸石山自燃治理技术研究与实践[J].煤炭科学技术,2015,43(4):53-56.

[37] 董红娟,卢悦,王荣国,等.浅析煤矸石山自燃的形成条件及影响因素[J].内蒙古煤炭经济,2019(24):17-18.

[38] 董红娟,王博,张金山,等.粉煤灰基复合胶凝喷浆材料的强度及水化机理[J].硅酸盐通报,2020,39(10):3293-3297.

[39] 董红娟,卢悦,袁治国,等.基于温度场分布规律的矸石山注浆钻孔布置方案研究[J].能源环境保护,2022,36(3):84-89.

[40] 董红娟,刘亚琳,熊青青,等.基于CO浓度监测的煤矸石山自燃的环境影响因素分析[J].能源环境保护,2022,36(5):71-76.

[41] 董红娟,卢悦,张金山,等.煤矸石自燃阶段特征与气体释放特性分析[J].内蒙古科技

[42] 董红娟,王晨阳,李绪萍.矸石山注浆半径的研究与计算[J].能源技术与管理,2022,47(5):15-17.
[43] 段玉龙,周心权,余明高,等.矸石山自燃程度和爆炸的关联分析[J].煤炭学报,2009,34(4):514-519.
[44] 樊文华,李慧峰,白中科,等.黄土区大型露天煤矿煤矸石自燃对复垦土壤质量的影响[J].农业工程学报,2010,26(2):319-324.
[45] 范晓蔚.团柏煤矿白龙洗煤矸石山灭火实践[J].价值工程,2017,36(19):94-95.
[46] 方萍,孟祥银.活性粉煤灰作水泥混合材的应用研究[J].粉煤灰综合利用,1996,10(1):30-32.
[47] 方萍.大掺量粉煤灰砂浆掺合料的生产与应用[J].粉煤灰综合利用,2003(4):41-42.
[48] 方庆河,马保祥,林羿潇.粉煤灰胶结注浆防灭火研究及应用[J].山东煤炭科技,2014,32(10):87-88.
[49] 高建伟.煤矿机电设备安全生产标准化管理信息系统研究[J].石化技术,2020,27(10):180-181.
[50] 郭传慧,魏建鹏,李巧玲,等.不同矿物掺合料在复合胶凝材料中水化特性的对比研究[J].硅酸盐通报,2016,35(11):3782-3789.
[51] 韩福强,檀星,赵风清.粉煤灰-电石渣加气混凝土砌块工艺参数优化[J].混凝土,2019(7):116-119,124.
[52] 郝强强.粉煤灰膏体充填材料特性实验研究[D].西安:西安科技大学,2020.
[53] 何骞,肖旸,杨蒙,等.矸石山自燃防治技术及综合治理模式发展趋势[J].煤矿安全,2020,51(8):220-226.
[54] 贺宏伟,宋雪飞.注浆法在矸石山自燃治理中的工程应用[C]//中国煤炭学会成立五十周年系列文集 2012年全国矿山建设学术会议专刊(下),广州,2012:178-179.
[55] 黄文章.煤矸石山自然发火机理及防治技术研究[D].重庆:重庆大学,2004.
[56] 黄艳芹.稠化胶体防灭火材料的性能研究[J].消防科学与技术,2013,32(8):894-896.
[57] 霍利杰.自燃矸石山地面固定式复合胶体注浆灭火技术[J].建井技术,2013,34(6):14-15.
[58] 贾海林,余明高.煤矸石绝热氧化的失重阶段及特征温度点分析[J].煤炭学报,2011,36(4):648-653.
[59] 贾开民.考虑浆液时空效应的幂律型流体盾构壁后压密注浆模型研究[J].铁道建筑技术,2017(11):5-10,19.
[60] 贾世杰,徐洪艳,陈辉.粉煤灰-水泥基胶结充填体早期强度及水化机理研究[J].采矿技术,2021,21(3):164-167,183.
[61] 姜希印.济宁二号煤矿稠化粉煤灰防灭火技术研究[D].西安:西安科技大学,2006.
[62] 孔德玉,张俊芝,倪彤元,等.碱激发胶凝材料及混凝土研究进展[J].硅酸盐学报,2009,37(1):151-159.
[63] 兰天翔,李绪萍,段圆圆.乌海地区粉煤灰充填膏体材料水化机理研究[J].现代矿业,2021,37(10):261-262,267.

参考文献

[64] 李春祥,李连祥,张会宾,等.粉煤灰喷浆护巷工艺在长安煤矿中的应用[J].粉煤灰综合利用,2019,33(4):90-92.

[65] 李冠兰.基于热重-红外联用技术的煤自燃阶段性研究[J].能源技术与管理,2018,43(2):65-67,99.

[66] 李剑峰.粉煤灰防灭火注浆成套制作、输送设施[J].煤矿机械,2012,33(4):266.

[67] 李茂辉,杨志强,王有团,等.粉煤灰复合胶凝材料充填体强度与水化机理研究[J].中国矿业大学学报,2015,44(4):650-655,695.

[68] 李培楠,石来,李晓军,等.盾构隧道同步注浆纵环向整体扩散理论模型[J].同济大学学报(自然科学版),2020,48(5):629-637.

[69] 李舒伶,高建科.煤矸石山自然发火数学模型在红阳三矿新矸石山自燃防治中的应用[J].中国安全科学学报,2003,13(2):25-27.

[70] 李松,万洁.煤矸石自燃机理及其防治技术研究[J].环境科学与技术,2005,28(2):82-84,119.

[71] 厉超.矿渣、高/低钙粉煤灰玻璃体及其水化特性研究[D].北京:清华大学,2011.

[72] 梁越,陈鹏飞,林加定,等.基于透明土技术的多孔介质孔隙流动特性研究[J].岩土工程学报,2019,41(7):1361-1366.

[73] 刘建明,李棚.煤矸石山注浆灭火治理[J].山西煤炭,2018,38(1):17-19.

[74] 刘健,胡南琦,徐宝军,等.水泥基土石坝防渗注浆材料试验[J].山东大学学报(工学版),2018,48(2):39-45.

[75] 刘满超,李超,冯艳超,等.粉煤灰-矿渣-电石渣复合胶凝材料的制备及应用[J].环境科学与技术,2018,41(12):42-48.

[76] 刘满超.矿山充填胶凝材料的研究及应用[D].石家庄:河北科技大学,2018.

[77] 刘鑫.矿井防灭火膨胀充填材料研究及应用[D].西安:西安科技大学,2015.

[78] 刘亚荣.复合胶体防灭火材料的性能研究及应用分析[J].煤炭科技,2018(4):49-51.

[79] 刘应然.拱形结构注浆控制采空区地表沉陷的关键技术研究[D].武汉:中国地质大学,2017.

[80] 刘振宇.硅藻土—钢渣基复合胶凝材料的制备及机理研究[D].邯郸:河北工程大学,2019.

[81] 卢悦.矸石山自燃特性及温度场分布规律研究[D].包头:内蒙古科技大学,2021.

[82] 鲁义,陈立,邹芳芳,等.防控高温煤岩裂隙的膏体泡沫研制及应用[J].中国安全生产科学技术,2017,13(4):70-75.

[83] 马加骁,闫楠,白晓宇,等.不同物态配比碱渣-粉煤灰混合料强度特性[J].岩土工程学报,2021,43(5):893-900.

[84] 马砺,任立峰,艾绍武,等.氯盐阻化剂对煤自燃极限参数影响的试验研究[J].安全与环境学报,2015,15(4):83-88.

[85] 马绪东,胡淑芳,黄松.高掺量粉煤灰在湿式喷浆中的研究与应用[J].山东煤炭科技,2013(5):43,45.

[86] 满朝晖.煤矸石山自燃治理措施及其稳定性研究[D].西安:西安建筑科技大学,2013.

[87] 满朝晖,沈军.煤矸石山自燃治理方法研究[J].煤炭工程,2014,46(7):66-69.

[88] 毛明杰,韩鹏飞,杨秋宁,等.基于正交试验粉煤灰细骨料混凝土抗压强度研究[J].混凝土,2019(9):88-91.

[89] 毛雨琴,王小雨,朱路平,等.粉煤灰陶粒制备轻质高强混凝土的试验研究[J].上海第二工业大学学报,2020,37(4):286-290.

[90] 孟凡丁,许光泉,孙贵,等.深埋条件下水平分支孔注浆模拟分析[J].绿色科技,2021,23(14):194-198,213.

[91] 宁威锋.基于COMSOL计算下水库土石坝体渗流特征及防渗墙最优设计研究[J].水利科学与寒区工程,2021,4(2):28-33.

[92] 潘荣锟,余明高,徐俊,等.矸石山的危害及自燃原因关联分析[J].安全与环境工程,2006,13(2):66-69.

[93] 潘志强.粗砂层中水泥渗透注浆渗透理论与计算机仿真研究[D].阜新:辽宁工程技术大学,2005.

[94] 秦波涛,张雷林.防治煤炭自燃的多相凝胶泡沫制备实验研究[J].中南大学学报(自然科学版),2013,44(11):4652-4657.

[95] 邱树恒,张鲁湘,潘华颖,等.水泥砂浆中高掺量粉煤灰的激发及其性能研究[J].新型建筑材料,2009,36(6):4-7.

[96] 任思良.注浆法在治理自燃矸石山工程中的应用[J].山西建筑,2014,40(29):203-204.

[97] 上官书民,赵伟,张胜军,等.水泥—粉煤灰注浆材料特性试验研究[J].煤炭技术,2014,33(4):246-249.

[98] 邵昊,蒋曙光,吴征艳,等.二氧化碳和氮气对煤自燃性能影响的对比试验研究[J].煤炭学报,2014,39(11):2244-2249.

[99] 隋涛.粉煤灰凝胶防灭火技术在煤矿中的研究应用[D].太原:太原理工大学,2007.

[100] 檀星,韩福强,赵风清.一种全固废蒸压轻质砌块的研制[J].新型建筑材料,2018,45(11):112-115,142.

[101] 汪耀武.粉煤灰对三山岛金矿充填体强度影响的试验研究[J].中国矿业,2020,29(9):137-140.

[102] 王安福,王忠红,高谦,等.鞍钢全尾砂矿渣基充填胶凝材料试验研究[J].矿业工程,2017,15(1):65-68.

[103] 王博.煤基固废制备抑制矸石山自燃材料的试验研究[D].包头:内蒙古科技大学,2020.

[104] 王晨阳.煤基固废注浆治理矸石山自燃关键技术研究与应用[D].包头:内蒙古科技大学,2022.

[105] 王德明.矿井防灭火新技术:三相泡沫[J].煤矿安全,2004,35(7):16-18.

[106] 王恩,樊少武,马超.粉煤灰灌浆材料防治煤矸石山自燃的探讨[J].洁净煤技术,2009,15(5):87-89.

[107] 王恩.煤矸石山深孔注浆灭火的研究[J].洁净煤技术,2011,17(6):86-88.

[108] 王方群.粉煤灰—脱硫石膏固结特性的实验研究[D].保定:华北电力大学(河北),2004.

[109] 王龙飞,王海.古书院煤矿矸石山注浆加固与灭火技术[J].煤矿安全,2019,50(3):65-68.

[110] 王强.王台铺煤矿徐家岭矸石山自燃火区的探测与治理[J].煤炭与化工,2017,40(9):12-15,46.

[111] 王盛铭.粉煤灰—脱硫石膏双掺水泥基材料水化研究及应用[D].长沙:长沙理工大学,2012.

[112] 王文才,张培,任春雨,等.煤田露头火区标志性气体确定的试验研究及应用[J].煤炭科学技术,2016,44(3):55-59,128.

[113] 王晓琴.煤矿矸石山自燃致因与灭火施工工艺研究[J].煤炭与化工,2018,41(2):152-154.

[114] 王星华,周海林,杨秀竹,等.振动注浆原理及其理论基础[M].北京:中国铁道出版社,2007.

[115] 王雨.高聚物注浆的数值模拟及应用研究[D].南京:东南大学,2018.

[116] 王玉平,刘相国,赵华锋.煤矸石自燃的危害及治理成效[J].矿业安全与环保,2002,29(3):51-53.

[117] 王昭旅.粉煤灰注浆防灭火[J].煤炭科学技术,1991,19(7):22-23,27,60.

[118] 位蓓蕾,胡振琪,王晓军,等.煤矸石山的自燃规律与综合治理工程措施研究[J].矿业安全与环保,2016,43(1):92-95.

[119] 温磊,董红娟,武兵兵,等.利用粉煤灰治理矸石山自燃技术研究与应用[J].选煤技术,2021,49(5):64-67.

[120] 邬剑明,卫鹏宇,王俊峰,等.成庄矿3$^{\#}$煤矸石特征温度的热重实验研究[J].中国煤炭,2011,37(12):97-100.

[121] 吴海军,曾凡宇,姚海飞,等.矸石山自燃危险性评价及治理技术[J].煤炭科学技术,2013,41(4):119-123.

[122] 吴浩,管学茂,李荣军.粉煤灰充填胶凝材料复合激发剂试验研究[J].粉煤灰,2006,18(4):13-15.

[123] 吴蓉.脱硫石膏在水泥基材料中的应用[J].粉煤灰综合利用,2015,29(3):53-56.

[124] 伍勇华,姚源,南峰,等.脱硫石膏-粉煤灰-水泥胶凝体系强度及耐久性能研究[J].硅酸盐通报,2014,33(2):315-320.

[125] 夏清.自燃煤矸石山深部温度场分布规律及热源反演模型研究[D].北京:中国矿业大学(北京),2017.

[126] 夏仕柏.新庄孜矿粉煤灰注浆技术的应用[J].煤矿安全,2004,35(12):18-20.

[127] 谢慧东,张云飞,栾佳春,等.脱硫石膏在水泥-粉煤灰-矿渣粉复合胶凝体系普通干混砂浆中的应用研究[J].硅酸盐通报,2011,30(3):645-651.

[128] 邢纪伟,邬剑明,王俊峰,等.用粉煤灰防治煤矸石自燃灾害的试验研究[J].中国安全科学学报,2015,25(5):3-7.

[129] 邢永强,冯进城,荣晓伟.河南平煤四矿煤矸石山自燃爆炸成因及防治分析[J].中国地质灾害与防治学报,2007,18(2):145-150.

[130] 闫清武.水泥-粉煤灰-黏土复合浆材的注浆试验研究[J].工程建设与设计,2015(2):

113-114,118.

[131] 阎培渝,张增起.复合胶凝材料的水化硬化机理[J].硅酸盐学报,2017,45(8):1066-1072.

[132] 杨胜强,钟演,夏春波,等.高水充填材料防灭火阻燃性能试验研究[J].煤炭科学技术,2017,45(1):78-83.

[133] 杨志全,卢杰,王渊,等.考虑多孔介质迂回曲折效应的幂律流体柱形渗透注浆机制[J].岩石力学与工程学报,2021,40(2):410-418.

[134] 张聪.煤泥、煤矸石和末原煤的动力学分析及污染物排放特性分析[D].北京:华北电力大学,2019.

[135] 张海军,刘喜亮,杨远翔.煤矸石自燃宏观特性的实验研究[J].江西煤炭科技,2015(3):110-112.

[136] 张庆欢.粉煤灰在复合胶凝材料水化过程中的作用机理[D].北京:清华大学,2006.

[137] 张世伟,王昶.电石泥替代石灰石在湿法脱硫技术的应用[J].科技传播,2014,6(16):201-202.

[138] 张涛.PLS胶凝材料的研制和应用[J].公路交通科技(应用技术版),2014,10(6):164-166,171.

[139] 张铁涛.实验数据处理软件应用[M].广州:华南理工大学出版社,2016.

[140] 张伟,邬剑明,王俊峰.煤矸石山自燃治理与灭火工艺[J].中国煤炭,2012,38(12):97-99.

[141] 张翔,何廷树,何娟.硅酸盐水泥-粉煤灰-脱硫石膏复合材料的性能研究[J].硅酸盐通报,2014,33(4):796-799.

[142] 张小翌,王德明,杨雪花,等.古书院矿郭山排矸场火区快速治理技术[J].煤矿安全,2019,50(7):96-99.

[143] 张雪红.软弱富水地层地铁深基坑稳定性研究[D].石家庄:石家庄铁道大学,2013.

[144] 张嬿妮,邓军,文虎,等.华亭煤自燃特征温度的TG/DTG实验[J].西安科技大学学报,2011,31(6):659-662,667.

[145] 张嬿妮,陈龙,邓军,等.淮南矿区主采煤层自燃氧化特性试验研究[J].安全与环境学报,2018,18(4):1296-1300.

[146] 张震,周少玺,乔伟.煤矿矸石山自燃防治技术研究[J].内蒙古煤炭经济,2018(14):45-46.

[147] 赵建国,朱化雨,刘晓泓,等.煤矿三元复合胶体防灭火材料的制备与性能研究[J].功能材料,2015,46(13):13139-13143.

[148] 赵建忠.浅谈汾西矿业(集团)有限责任公司高阳煤矿矸石山综合治理方法[J].华北国土资源,2016(6):119-120.

[149] 赵龙.采动条件下被保护煤层渗透率变化规律研究:以潘三煤矿为例[D].西安:西安科技大学,2014.

[150] 郑云峰,姚宇平,钱玉山.自燃煤矸石山新的灭火方法[J].煤炭科学技术,1992,20(7):5-8.

[151] 周彦伯.不同扩散模式下盾构隧道壁后注浆规律研究[D].泉州:华侨大学,2019.

[152] 朱留生.煤矿矸石山灭火治理与自燃预警技术研究[J].煤炭科学技术,2012,40(8):111-114.
[153] 朱秀凯,吴之心,卢宝阳.水凝胶作为灭火防火材料的研究进展与应用[J].江西科技师范大学学报,2020(6):42-46.
[154] 朱毅佳,朱武,张佳民.基于COMSOL的流注头部分叉过程仿真与分析[J].计算机应用与软件,2021,38(5):88-92,123.
[155] 宗正阳.温度-水流耦合作用下裂隙岩体浆液运移扩散过程与堵水机制[D].武汉:武汉轻工大学,2018.